Maria Luisa Rojas-Cervantes

Reduzir o custo e o tempo de processamento dos géis de carbono

Maria Luisa Rojas-Cervantes

Reduzir o custo e o tempo de processamento dos géis de carbono

ScienciaScripts

Imprint

Cover image: www.ingimage.com

This book is a translation from the original published under ISBN 978-3-659-88911-0.

Publisher:
Sciencia Scripts
is a trademark of
Dodo Books Indian Ocean Ltd. and OmniScriptum S.R.L publishing group

120 High Road, East Finchley, London, N2 9ED, United Kingdom
Str. Armeneasca 28/1, office 1, Chisinau MD-2012, Republic of Moldova, Europe
Managing Directors: Ieva Konstantinova, Victoria Ursu
info@omniscriptum.com

Printed at: see last page
ISBN: 978-620-2-59958-0

ÍNDICE DE CONTEÚDOS

1. INTRODUÇÃO

Desde que Pekala [1,2] sintetizou o primeiro gel de carbono baseado na hidrólise e condensação de resorcinol (R) e formaldeído (F), numerosos artigos na literatura descreveram a síntese, propriedades e aplicações de géis de RF e materiais relacionados e as diferentes variáveis e condições envolvidas nas etapas do processo.

Resumidamente, o método consiste na polimerização do resorcinol (1,3 dihidroxibenzeno) com formaldeído numa proporção molar adequada na presença de um solvente e, geralmente, de um catalisador básico [1], normalmente carbonato de sódio. A solução deve ser aquecida num recipiente fechado para evitar perdas de solvente, de modo a formar uma rede reticulada estável. O gel húmido formado deve ser seco subcriticamente em ar ou azoto, supercriticamente com dióxido de carbono ou por liofilização para produzir xerogéis, aerogéis ou criogéis, consecutivamente. Finalmente, o gel orgânico deve ser carbonizado em atmosfera inerte para obter o gel de carbono correspondente.

O mecanismo de reação da polimerização sol-gel entre o resorcinol e o formaldeído (Figura 1) está bem estabelecido [3,4] e consiste em duas etapas, a reação de adição e a reação de condensação, sendo a primeira catalisada por condições básicas e a segunda por condições ácidas. Na reação de adição, o primeiro passo é a abstração do protão do resorcinol e o ataque do formaldeído ao anião resorcinóxido formado para dar origem a derivados hidroxilmetilados. Na segunda fase, a condensação processa-se através do H^+, que actua como catalisador. Na presença de um protão, o OH^- é extraído do grupo CH_2OH do resorcinol substituído e forma-se um catião de tipo benzílico. Este catião sofre então uma reação electrofílica com o anel benzénico de outra molécula e forma-se uma ponte de metileno ($-CH_2-$). O catião do tipo benzílico pode também reagir com um grupo hidroximetilo de outra molécula, levando à formação de pontes de éteres de metileno ($-CH_2OCH_2-$).

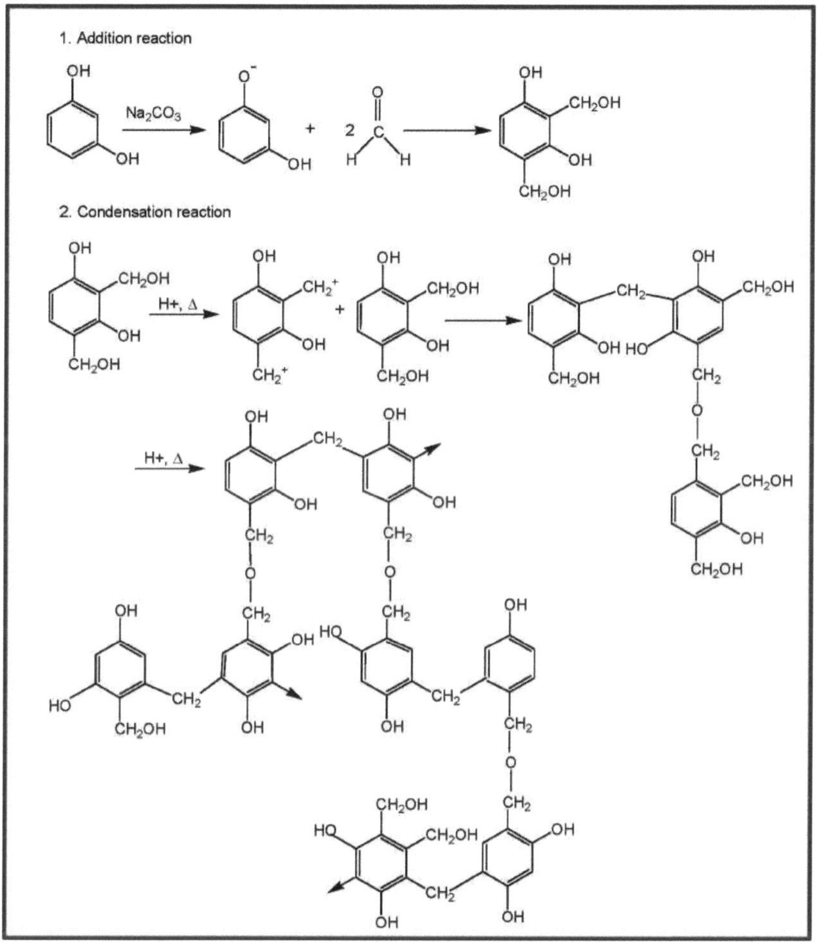

1. Addition reaction

2. Condensation reaction

Figura 1. Mecanismo de reação da polimerização sol-gel do resorcinol com formaldeído (de [4])

Numa preparação típica, R e F são misturados com o catalisador de polimerização e o solvente nas proporções adequadas e agitados durante um curto período de tempo (5-30 min) para formar uma mistura homogénea (sol), que é posteriormente transformada num gel. A gelificação (polimerização) pode ser realizada mantendo a amostra à temperatura ambiente durante 24 h e depois sendo aquecida gradualmente até atingir a temperatura final (80-90 °C), ou diretamente colocando o frasco de amostra selado num forno à temperatura de gelificação desejada.

Após a gelificação, a etapa de cura é necessária para permitir que os aglomerados de polímero previamente formados se reticulem, formando a forma sólida final do gel. Obtém-se uma rede de aglomerados altamente reticulados (7 a 10 nm de diâmetro) [5] do polímero. Após a conclusão deste passo, as partículas coloidais começam a agregar-se e a juntar-se numa estrutura rígida e interligada, localmente semelhante a um colar de pérolas que preenche o volume original da solução aquosa. A fase de cura demora cerca de 3-7 dias a temperaturas elevadas (8090 °C) para garantir que as reacções de reticulação estão suficientemente completas para evitar o inchaço durante a fase subsequente de troca de água por um solvente orgânico.

Uma vez formado o gel reticulado final, é necessário remover o solvente para obter o gel seco (gel orgânico). Em alguns casos, dependendo do método de secagem utilizado, é necessário um passo prévio de troca de solvente (a água é substituída por um solvente orgânico). Finalmente, para produzir um gel de carbono, o gel orgânico é carbonizado ou pirolisado (normalmente em azoto) a altas temperaturas para formar a rede de carbono altamente porosa. Os géis orgânicos RF também podem ser activados, após ou durante a pirólise, com gases como o ar, vapor ou CO_2.

Muitos factores podem ser modificados e controlados durante as três fases do processamento sol-gel, 1) a preparação da mistura sol-gel e subsequente gelificação e cura; 2) a secagem do gel húmido e 3) a carbonização ou ativação do gel seco. Algumas revisões [6,7] na literatura referem-se ao estudo da influência destes factores nas propriedades texturais e estruturais finais dos géis orgânicos e de carbono obtidos.

Os aspectos mais estudados na literatura são os relacionados com as modificações das condições de síntese na primeira fase, uma vez que a estrutura física e química dos géis poliméricos, a partir dos quais são produzidos os géis de carbono, é formada nesta fase. Assim, existem muitos artigos dedicados a compreender como a utilização de diferentes razões molares R/F [8, 9] e R/W (em que W significa água) [912], a quantidade de catalisador (C) [9,13-16] e o pH da solução inicial [9,14,17-19] afectam a estrutura porosa dos géis orgânicos e de carbono. Em geral, os aerogéis obtidos com rácios R/C baixos são poliméricos, com uma configuração bem ligada de pequenas partículas. Pelo contrário, os aerogéis coloidais que contêm partículas esféricas bem definidas, ligadas por pescoços estreitos, são formados com rácios R/C elevados. No que diz respeito à influência do pH da solução, esta pode ser explicada relativamente às principais sub-reacções envolvidas na polimerização do resorcinol e do formaldeído, adição e condensação, sendo a primeira catalisada por condições básicas e a segunda por condições ácidas. Além disso, os mecanismos de condensação do FR em condições ácidas ou básicas são diferentes e conduzem a estruturas diferentes: as partículas esféricas dispostas em cadeias ramificadas são formadas em valores de pH ácido [20] e as partículas primárias dispostas em aglomerados de vários micrómetros são obtidas em pH básico [21]. Os valores típicos da solução inicial de FR utilizados situam-se no intervalo 5,4-7,6. Job et al [18] definiram um intervalo de pH mais estreito de 5,5-6,25 que conduz a materiais de carbono micro e mesoporosos após secagem e pirólise, com áreas de superfície específicas que variam de 550 a 650 m^2/g e volume total de poros que varia de 0,4 a 1,4 cm^3/g.

No que diz respeito à secagem do gel, os principais factores envolvidos são a troca de solventes e as condições de secagem. A troca de solventes é altamente o

A utilização de um solvente é recomendada no caso dos métodos de secagem subcríticos e à temperatura ambiente e é essencial no caso da secagem supercrítica com dióxido de carbono devido à insolubilidade do dióxido de carbono líquido na água. Embora ocorra um encolhimento mínimo e a mesoporosidade do carbono dos aerogéis seja preservada durante a secagem supercrítica com CO_2, esta técnica tem como desvantagens as elevadas pressões e os longos tempos (3-4 dias) necessários para a troca de solventes e a secagem [22], para além do seu elevado custo e perigosidade.

A etapa de pirólise ou carbonização consiste no aquecimento do gel sob fluxo de gás inerte a alta temperatura para produzir a decomposição do material orgânico e a remoção dos grupos de óxido e hidrogénio remanescentes. Foram relatadas as alterações produzidas nas propriedades dos géis de carbono RF através da modificação das condições de pirólise [6].

Os géis de carbono obtidos por polimerização por radiofrequência são materiais muito atractivos, uma vez que podem ser adaptados a uma grande variedade de estruturas porosas, a fim de serem utilizados em aplicações específicas como suportes de catalisadores [23-26], supercapacitores [27-29], materiais de adsorção [30,31], armazenamento de hidrogénio [32,33], etc. No entanto, a aplicação de géis de carbono à escala industrial é principalmente limitada pelo custo de produção e pela duração do processo: o elevado preço do resorcinol, o longo processo de cura necessário para a reticulação e formação do gel, que geralmente varia de três a sete dias e, finalmente, o elevado custo da fase de secagem supercrítica necessária para preservar a mesoporosidade no gel de carbono. Para resolver estes aspectos, podem ser desenvolvidas diferentes estratégias: 1) o uso de monômeros mais baratos que o resorcinol, 2) o encurtamento dos tempos de gelificação e cura pelo emprego de aditivos, como o ácido inorgânico como catalisador de polimerização, ou técnicas, como o ultrassom, e 3) o uso de técnicas alternativas, baratas e/ou rápidas de secagem.

O objetivo deste livro é dar uma visão geral e actualizada das investigações e das tendências recentes relatadas na literatura dedicadas à redução custo e do tempo de processamento dos géis de carbono, utilizando uma ou várias das três estratégias anteriormente comentadas, tornando-os mais competitivos em relação aos preparados por outros métodos atualmente em uso.

2. UTILIZAR MONÓMEROS MAIS BARATOS DO QUE O RESORCINOL

Foram também efectuadas muitas tentativas para diminuir o custo das matérias-primas dos géis de carbono, principalmente através da utilização de géis orgânicos alternativos, que podem ser obtidos através de diferentes vias de síntese. Exemplos típicos são os géis obtidos a partir da melamina e do formaldeído [34,35], ou da resina fenólica novolak e do furfural [36]. Outra abordagem consiste em substituir o monómero bruto bastante dispendioso, o resorcinol, por uma substância barata com propriedades semelhantes. Considerando a estrutura do resorcinol, vários fenóis são candidatos potenciais. As suas fórmulas são apresentadas na Figura 2 e a sua utilização como monómero na síntese de géis de carbono é revista a seguir.

2.1. Fenol

Entre a grande variedade de fenóis, o fenol não substituído (P) é provavelmente a substância mais utilizada e barata [37-41]. No entanto, a sua reatividade com o formaldeído é extremamente baixa quando comparada com outros fenóis, sendo 1015 vezes inferior à reatividade do resorcinol. A água existente durante a síntese dos precursores dos géis de carbono não só reduz a velocidade de reação, como também limita a temperatura máxima de reação, pelo que o fenol deve possuir uma reatividade relativamente elevada e a concentração de catalisador utilizada deve ser significativamente mais elevada do que quando se utiliza o resorcinol como monómero. Além disso, embora o fenol tenha um grupo hidroxilo hidrofílico na sua estrutura, é difícil obter partículas coloidais hidrofílicas a partir dele. Se essas partículas não puderem ser obtidas durante a síntese do gel, ocorrerá uma separação de fases que resultará na formação de um material polimérico, bastante semelhante às resinas fenólicas, que não pode ser transferido para um gel de carbono. Por conseguinte, o teor de fenol na solução aquosa inicial deve ser limitado a valores pequenos para evitar a segregação. No entanto, se a concentração de fenol for demasiado baixa, a polimerização dificilmente se processa. Por conseguinte, a concentração de fenol deve ser cuidadosamente ajustada numa gama estreita para obter materiais semelhantes a gel, embora possa ser alargada aumentando a concentração do catalisador. Assim, os rácios molares P/C típicos e o teor de PF situam-se na gama de 1-10 e 15-40 wt%, respetivamente.

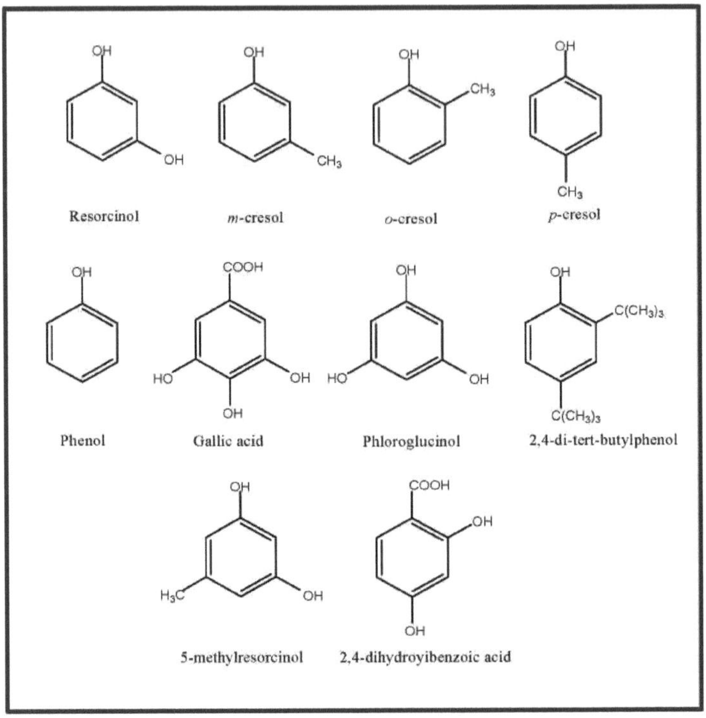

Resorcinol | *m*-cresol | *o*-cresol | *p*-cresol

Phenol | Gallic acid | Phloroglucinol | 2,4-di-tert-butylphenol

5-methylresorcinol | 2,4-dihydroyibenzoic acid

Figura 2. Fórmulas do fenol e derivados do fenol que são utilizados como monómeros na polimerização com formaldeído para obtenção de géis orgânicos

Uma tentativa de manter a hidrofilicidade até à conclusão da formação do gel foi efectuada por Mukai et al [37], utilizando uma concentração baixa de fenol (600 mol/m^3) e uma concentração elevada de Na2CO3 como catalisador (200 mol/m^3), em comparação com as condições típicas adoptadas para a síntese de géis RF. Os géis orgânicos mesoporosos com um volume de mesoporos de 0,90 g/cm^3 e uma estrutura de rede de partículas de polímero foram preparados por liofilização. Os géis mantiveram as suas formas monolíticas após a carbonização, embora o comprimento e o diâmetro da haste monolítica tenham sido reduzidos a cerca de 60% do seu gel húmido original.

Scherdel et al [38] também efectuaram a síntese de géis de PF utilizando Na2CO3 como catalisador, que foram secos à pressão ambiente a 60 °C como um método alternativo à liofilização utilizado em [37]. Os géis foram preparados variando a razão molar F/P (variando de 2 a 4) e a concentração de PF (20-50 %wt) na solução inicial para um P/C=5 fixo. Devido à elevada quantidade de catalisador utilizada em comparação com o sistema RF, foi necessário proceder à lavagem com água desionizada antes da secagem. Caso contrário, o carbonato de sódio poderia cristalizar durante a etapa de secagem à pressão ambiente, levando a uma contaminação indesejada da amostra e, além disso, poderia alterar ou destruir a estrutura dos poros, bem como a rede de gel durante a secagem e a pirólise. Além disso, as amostras com PF<20 não podiam ser secas convencionalmente sem destruir a rede de gel. Para obter monólitos relativamente estáveis do ponto de vista mecânico que sobrevivam à secagem à pressão ambiente, as condições de síntese devem ser mantidas próximas dos valores definidos de P/C=5, PF=25 e F/P=2,5 [38]. No entanto, o volume de mesoporos obtido foi de apenas 0,1 g/cm^3.

Em geral, o fenol pode sofrer todas as reacções típicas do resorcinol, embora a uma velocidade de reação muito inferior devido à menor densidade eletrónica nas posições dos anéis 2, 4 e 6. Para aumentar esta reatividade, o ião fenóxido pode ser formado por reação do fenol com hidróxido de sódio em vez de Na2CO3 como catalisador básico [39,40]. No entanto, são necessárias quantidades elevadas de hidróxido de sódio (rácios P/C de 8,5-10,5) para produzir intermediários de PF (para P/F =1/2 e 1/3) com elevada solubilidade em água, evitando a formação de sólidos estabilizados que não conduzem à polimerização [39]. Os aerogéis de PF preparados sob estas condições de síntese e secos sob condições supercríticas de etanol tinham uma estrutura de grânulos interconectados de 10-15 nm de tamanho e mesoporosa abaixo de 50 nm, análoga à dos aerogéis de RF típicos. A área de superfície BET e o volume de mesoporos dos aerogéis mesoporosos de carbono PF obtidos situavam-se na gama de 522-714 m^2/g e 1,27-1,84 cm^3/g, respetivamente. Quando se utilizou um rácio P/F de 1/3 na síntese, os géis de PF resultantes formaram uma rede tridimensional com uma maior densidade de reticulação. Isto resultou numa maior capacidade de resistir ao colapso da rede em condições de secagem supercrítica com etanol e o encolhimento radial de secagem observado variou de 15 a 20 %. De forma análoga ao que acontece com os géis RF [10,11,17], também se pode conseguir uma diminuição do grau de contração durante a secagem aumentando a relação P/C, diminuindo assim o número de núcleos iniciais na reação de polimerização, o que, por sua vez, aumenta o tamanho das partículas dos géis orgânicos. O tamanho das partículas dos géis orgânicos também aumentou com a temperatura de gelificação, muito provavelmente devido a um aumento da capacidade de reação de condensação dos intermediários fenol-formaldeído.

O hidróxido de sódio (20%) também foi utilizado como catalisador de base na polimerização do PF com *n-propanol* como solvente, a fim de evitar a etapa de troca de solvente antes da secagem à pressão ambiente [40]. O rácio P/F=2 utilizado foi o mesmo que em [39] e a concentração de PF na solução inicial foi muito semelhante (25 e 20 wt%, respetivamente). No entanto, a quantidade de hidróxido de sódio foi cerca de duas vezes superior. Esta circunstância resultou em géis de carbono não porosos, com volumes de SBET e mesoporos significativamente mais baixos (8 m^2/g e 0,01 cm^3/g *vs* 600-700 m^2/g e 1,3-1,8 cm^3/g, respetivamente). Como foi obtida pouca porosidade com o catalisador básico, os autores testaram a síntese de carbono PF usando ácido clorídrico como catalisador, sendo os primeiros a relatar na literatura o uso de um catalisador ácido no sistema PF. O aumento da concentração de ácido aumentou as áreas superficiais específicas e externas, independentemente da concentração de PF, e foram alcançados valores DE SBET próximos de 460 m^2/g.

A fim de modificar a reatividade do fenol utilizado como monómero, foram adicionados ao fenol outros monómeros diferentes, como o 2,4-di-terc-butilfenol [40] ou o cloroglucinol[1] [41], em diferentes fases da polimerização. As partículas primárias

[1] O floroglucinol é mais caro do que o resorcinol; no entanto, a sua combinação com o fenol (mais barato do que o resorcinol) em quantidades adequadas pode resultar num custo final da síntese inferior ao de quando apenas o resorcinol é utilizado como monómero.

de PF são formadas simultaneamente em muitos locais diferentes dentro da solução, crescem e finalmente agregam-se a entidades maiores que eventualmente se interligam para formar uma rede tridimensional de partículas primárias. Para tentar abrandar o crescimento e a agregação das partículas primárias na solução, foi adicionado um fenol com apenas um local de reação em relação ao formaldeído, ou seja, 2,4-di-terc-butilfenol, numa percentagem de 20% em relação a fenol em diferentes fases da transição sol-gel [40]. No entanto, este facto não favoreceu uma mesoporosidade adicional ou partículas mais pequenas. Pelo contrário, foi observada uma diminuição da mesoporosidade e da área de superfície externa dos xerogéis secos à pressão ambiente, bem como um aumento do volume de microporos para a amostra carbonizada, devido à decomposição adicional dos grupos butil. Além disso, os mesoporos foram convertidos em macroporos porque a ligação do 2,4-di-terc-butilfenol ao oligómero de PF evita grupos metilo protonados com carga positiva localizados na superfície, que estabilizam electrostaticamente as partículas [42], produzindo uma agregação mais precoce e um alisamento mais forte das estruturas.

Jirglova et al [41] aumentaram a baixa taxa de polimerização do fenol adicionando cloroglucinol (Phl) à solução com razões molares Phl/P compreendidas entre 100/0 e 20/80, usando Na2CO3 como catalisador da polimerização. Os géis foram secos convencionalmente ou com CO_2 supercrítico. Tanto para a série de xerogéis como para a série de aerogéis não foi observada a presença de macroporos. Embora as amostras de aerogéis formadas exclusivamente com cloroglucinol tivessem a estrutura típica de coral semelhante ao aerogel RF [2], consistindo numa rede tridimensional de partículas primárias nanométricas interligadas, o tamanho das partículas diminuiu com o teor de fenol. A substituição do cloroglucinol por fenol numa relação Phl/P de 40/60 levou a um aumento do volume dos mesoporos. No entanto, quando as amostras foram

[2] Os géis RF e CmF secos à pressão ambiente são geralmente designados na literatura por aerogéis, uma vez que o método utilizado pode ser considerado como um método modificado a partir de preparações típicas de aerogéis e os produtos obtidos têm estruturas e propriedades semelhantes, incluindo baixas densidades, às dos aerogéis típicos preparados com uma técnica de secagem supercrítica.

pirolisadas, a mesoporosidade diminuiu porque os espaços vazios entre as partículas foram facilmente bloqueados pela fase líquida móvel formada pela fusão que ocorre durante a carbonização.

2.2. Cresol

Outro monómero utilizado na literatura, que é quase quatro vezes menos dispendioso do que o resorcinol, é o cresol ou uma mistura de cresóis, Cm, contendo fenol, *o-cresol* e m-p-cresóis [43-49]. Geralmente, uma polimerização sol-gel de uma mistura de cresol com formaldeído na presença de hidróxido de sódio como catalisador em água leva à formação de hidrogéis altamente reticulados. Na polimerização, os monómeros trifuncionais (fenol e *m-cresol*) são capazes de adicionar formaldeído nas posições de 2, 4 e 6 anéis, e o monómero difuncional (*p, o-cresol*) pode fazê-lo na posição de 2, 6 ou 4, 6 anéis. Em suma, *o m-cresol* permite a polimerização em 3D, enquanto *o p,o-cresol* produz cadeias poliméricas lineares. Estas últimas podem ser parcialmente dissolvidas em acetona durante a troca de solvente anterior e necessária ao processo de secagem, sendo a resistência do esqueleto da rede reduzida.

Uma diferença nas condições de síntese de CmF em relação aos aerogéis de RF é o catalisador básico utilizado, NaOH para CmF em vez de Na2CO3 para RF, embora o papel de ambos os aditivos seja o mesmo, ou seja, aumentar o valor do pH. Também a quantidade de catalisador necessária para a preparação é diferente, sendo significativamente maior no primeiro caso. Como a solubilidade da mistura de cresol em água é muito inferior à do resorcinol, 2 e 145 g por 100 mL de água a 23 °C, respetivamente, é indispensável um excesso de catalisador básico para aumentar a solubilidade mútua do CmF em água em comparação com o sistema de gel RF. Assim, embora alguns trabalhos relatem razões molares Cm/C na gama 40-80 [46,49], são utilizadas razões muito mais baixas, compreendidas entre 1 e 6 [43-45], em contraste com as razões R/C mais elevadas empregues na síntese de géis RF (geralmente entre 20 e 1000, embora também tenham sido relatados outros valores fora desta gama).

Outra diferença entre os hidrogéis CmF e RF é a resistência, mais elevada para os géis CmF do que para os géis RF devido ao elevado teor de reagente no CmF, pelo que o processo de cura pode ser eliminado e o tempo de preparação é mais curto. Em geral, o tempo de gelificação típico das preparações de CmF com Cm/C=1-6 varia entre 12 e 70 h, dependendo do teor de catalisador e da concentração de reagente [43-45]. No entanto, são necessários tempos de cura de gelificação mais elevados, variando de 3 a 7 dias, quando são utilizados Cm/C =40-80.

Li e Guo [45] foram os primeiros autores a relatar a utilização de uma mistura de cresol como monómeros para a preparação de aerogéis de carbono[2] por condensação com formaldeído em condições básicas. A mistura de cresol incluía monómeros trifuncionais (fenol e *m-cresol*) e monómero di-funcional (p-cresol), que, respetivamente, podem formar cadeias de construção e poliméricas. As cadeias de construção formam o esqueleto da rede, enquanto a cadeia linear se mistura e emaranha com a rede, aumentando assim a densidade de reticulação e aumentando a resistência do polímero. Todos estes factores contribuem para a poupança do processo de cura. Quanto aos aerogéis RF, a densidade de CmF foi principalmente afetada pelo teor de monómero e pela concentração de catalisador. Assim, o aumento de W/Cm e Cm/C resultou numa diminuição da densidade do aerogel.

Para estes aerogéis de CmF, as estruturas pseudo-grafíticas são formadas por pirólise na gama de 400-600 °C [43], conforme determinado pelo estudo de infravermelhos

evolução das ligações associadas às pontes CH2, ao éter metileno (CH2-O- CH2) e às ligações C-C das microestruturas dos géis de CmF. A banda IR em 3473 cm^{-1} atribuída à vibração de estiramento -OH devido à água adsorvida é mais estreita e desloca-se para uma frequência mais elevada do que nos aerogéis RF, porque o -CH3 nas *posições o, m* e *p* do cresol impede a formação de ligações de hidrogénio.

O teor de catalisador utilizado na síntese é um fator-chave no controlo da dimensão dos aglomerados, enquanto a concentração determina a densidade dos aerogéis de CmF [44]. Ao selecionar o W/Cm e o Cm/C adequados, as caraterísticas texturais para aplicações específicas podem ser adaptadas. Assim, um aerogel a ser utilizado como suporte catalítico com um pequeno tamanho de poro dominante de cerca de 11 nm e alta densidade (0,37 g/cm^3) foi produzido com W/Cm=50 e Cm/C=1. Em contraste, o aerogel formado com W/Cm=70 e Cm/C=2 tinha uma área de superfície elevada (627 m^2/g) e mesoporos abundantes ($v_{mes=2}$,06 cm^3/g), sendo muito adequado como material de elétrodo em supercapacitores.

A combinação de duas das estratégias estudadas nesta revisão, a utilização de um monómero mais barato do que o resorcinol e a utilização de secagem à pressão ambiente, foi relatada para a preparação de aerogéis de carbono a partir de cresol [46] e de uma mistura de cresol e resorcinol como monómeros em diferentes proporções [47,48].

Uma das aplicações dos aerogéis de carbono é como materiais de eléctrodos em supercapacitores. Nesta linha, selecionando um teor de cresol entre 10 e 70 wt% na mistura ($_{Cm+R}$) para um rácio de massa total de 50 wt%, e rácios ($_{Cm+R}$)/C na gama 200-500, podem ser obtidos aerogéis de carbono poroso com uma elevada capacitância específica de volume [47,48]. O valor mais elevado de capacitância específica (104 F/g) foi medido para a amostra com um teor de cresol de 40% em peso e verificou-se que a capacitância estava fortemente correlacionada com a área de superfície dos mesoporos e não com a área de superfície BET. A densidade do aerogel de carbono $_{CmF}$ puro foi superior à do aerogel de carbono RF preparado nas mesmas condições (0,95 g/cm^3 *vs* 0,80 g/cm^3). Um aumento na densidade ë

O teor de cresol resultou num maior diâmetro médio dos poros para uma dada razão de catalisador. Geralmente, para os aerogéis de carbono RF, a razão do catalisador determina o tamanho das partículas, enquanto a razão da massa determina o tamanho dos poros, ou seja, a mesma razão do catalisador e da massa resulta em aerogéis RF com uma distribuição semelhante do tamanho dos poros (PSD) [50]. Por conseguinte, a adição de cresol é a causa da diferente PSD observada nos aerogéis mistos a uma razão constante de catalisador e massa. Além disso, o teor de cresol também afectou os encolhimentos por secagem e pirólise, a perda de massa e a densidade, que aumentaram com o aumento do teor de cresol, como se mostra na Figura 3. Isso foi explicado pelos autores em termos das estruturas do polímero formado, como comentado acima. As cadeias poliméricas de peso molecular inferior ao do esqueleto

3D *à base de m-cresol* podem ser parcialmente dissolvidas em acetona durante o processo de troca de solvente e a resistência do esqueleto da rede é reduzida, sendo inevitável o encolhimento por secagem. Além disso, as cadeias poliméricas decompõem-se mais rapidamente durante o processo de pirólise, resultando numa maior perda de massa e encolhimento.

Os aerogéis de CmF obtidos com diferentes relações Cm/C (40-80) apresentam superfícies rugosas constituídas por numerosas partículas altamente desordenadas com um tamanho à escala nanométrica [46]. O tamanho das partículas do aerogel de carbono aumentou com o aumento da relação Cm/C e com a diminuição da relação Cm/W. Em comparação com os aerogéis de carbono RF, os aerogéis de carbono CmF possuem uma área de superfície de amostra relativamente baixa (250-350 m^2/g) e um baixo volume de poros (0,20-0,25 cm^3/g). Para aumentar ambos os parâmetros, os carvões CmF podem ser activados com CO_2 a diferentes temperaturas e tempos [46,49], sendo muito mais facilmente modificados do que os aerogéis RF. Como exemplo, a área superficial BET de um aerogel de carbono CmF aumentou de 245 para 1418 m^2/g por ativação em CO_2 a 900 °C durante 2 h [49], enquanto que um tempo de ativação mais longo, 8 h, foi necessário para obter um xerogel de carbono RF com uma área superficial BET de 1365 m^2/g [51]. Além disso, o aumento dos microporos acompanhado pela introdução de grupos funcionais na superfície do aerogel resultou numa melhoria da capacitância dos aerogéis de carbono CmF preparados. Foram obtidos valores de 146 F/g para amostras activadas [49] em contraste com 98 F/g para amostras não activadas [47,48]. Além disso, quando a densidade de corrente aumentou de 1 para 20 mA/cm^2 observou-se apenas uma ligeira diminuição da capacitância de 146 para 131 F/g, o que indicou um bom comportamento em potência, como observado noutros carvões [52].

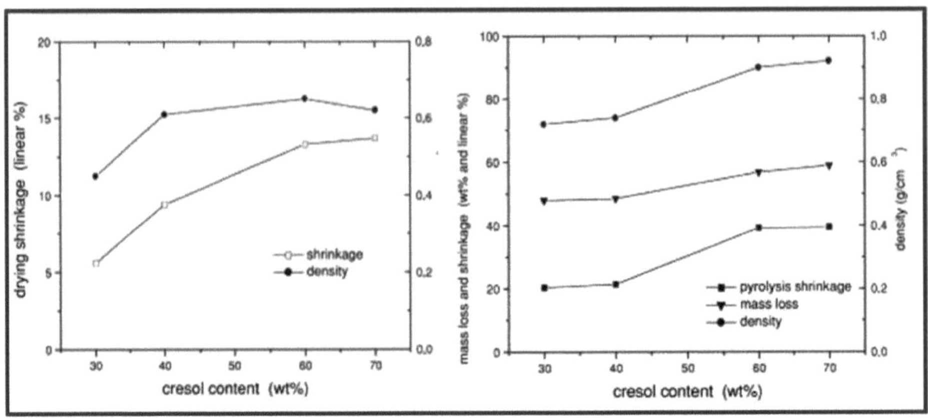

Fig. 3 Influência do teor de cresol na densidade e retração dos aerogéis orgânicos (à esquerda) e de carbono (à direita). A perda de massa durante a pirólise também está incluída. (De [47])

Foi utilizada uma combinação de formaldeído e uma mistura de *p-cresol* e resorcinol como monómeros para preparar xerogéis de carbono dopados com metais de transição e não transição, utilizando copolímeros tribloco e coreto de cetilpiridínio como materiais de referência [53]. A presença de cresol na solução antes da polimerização resultou em carbonos com natureza completamente esférica.

2.3. Outros

Outro monómero, mais barato do que o resorcinol, que pode ser adicionado numa quantidade adequada ao resorcinol, é o ácido gálico [54]. Para além de reduzir o custo da preparação do aerogel de carbono, a substituição parcial do resorcinol pelo ácido gálico oferece outros benefícios porque pode não só atuar como monómero na reação de polimerização mas também como catalisador na mesma reação. A fim de assegurar a solubilidade dos monómeros, foi utilizada uma mistura de água e etanol como solvente [54]. A substituição parcial do resorcinol por ácido gálico aumentou o volume dos mesoporos do aerogel de carbono e diminuiu a densidade do monólito em relação à amostra formada na ausência de ácido gálico [10]. Através da ativação de aerogéis de carbono em fluxo de CO_2 a diferentes graus, foi possível obter uma rede mesoporosa monomodal bem desenvolvida e sobreposta a uma rede microporosa e os aerogéis assim sintetizados comportaram-se como bons adsorventes de compostos orgânicos voláteis, como o benzeno, o tolueno e o xileno do ar em condições dinâmicas [54].

Foram preparados hidrogéis, aerogéis orgânicos e de carbono por polimerização sol-gel de resina fenólica, *m-cresol*, melamina e formaldeído, seguida de secagem supercrítica e pirólise [55] e foi estudado o papel da concentração de resina fenólica (RP). Um encolhimento mínimo e um volume máximo de mesoporos foram observados para um PR de 7,5 g/100 mL. Quando a concentração de RP tinha este valor ou superior, não ocorreu colapso dos hidrogéis no deslocamento do solvente e os mesoporos foram preservados.

A síntese de aerogéis orgânicos com base noutros monómeros com fórmulas relacionadas com o resorcinol, como o 5-metilresorcinol [56,57], ou o ácido 2,4-dihidroxibenzóico [58,59], especialmente para obter carbonos metálicos dopados, também foi relatada. Estes monómeros são mais caros do que o resorcinol e, por conseguinte, a sua utilização estaria fora do objetivo da presente análise. No entanto, a sua combinação numa proporção adequada com fenol, mais barato do que o resorcinol, poderia resultar num custo global inferior ao dos géis de RF, e pode ser uma estratégia a desenvolver no futuro.

Por último, a utilização de recursos naturais para a síntese de géis de carbono tem suscitado recentemente um interesse crescente [60-68]. Os possíveis precursores naturais para a preparação de géis de carbono devem obedecer a alguns requisitos. Têm de ser propensos à gelificação, ser infusíveis antes ou depois da reticulação, ter um elevado rendimento em carbono e ser baratos. Um dos recursos naturais mais estudados para a síntese de géis de carbono são os taninos [60-66]. Os taninos, muitas vezes designados por resorcinol natural devido às suas semelhanças químicas, são produtos naturais, não tóxicos, biodegradáveis, disponíveis à escala industrial e cerca de trinta vezes mais baratos que o resorcinol. Além disso, a utilização de taninos permite a síntese de géis de carbono numa gama de pHs muito mais ampla do que a habitualmente utilizada para os géis de RF, sendo possível obter uma gama muito mais ampla de estruturas de poros. Nesta linha, os aerogéis de carbono foram preparados utilizando formaldeído como agente de reticulação de taninos [60,64,66], taninos-resorcinol [61,66] ou taninos-lignina [65]. A porosidade total e as áreas de superfície BET dos aerogéis de carbono dependiam do pH de síntese inicial e podiam atingir 95% [60] e 880 m^2/g [64], respetivamente, sendo ambos os parâmetros notavelmente elevados para aerogéis orgânicos derivados de um recurso natural. A substituição completa do resorcinol por taninos permitiu sintetizar novos materiais numa gama de pH de 3 a 8, aumentando a mesoporosidade com o pH. Se 2/3 do peso do resorcinol fosse substituído por taninos, os géis de carbono podiam ser preparados na gama de pH 2-8, conduzindo a distribuições de tamanho de poros que eram progressivamente deslocadas para poros mais estreitos quando o pH aumentava [64]. Os géis orgânicos preparados a partir de taninos foram transformados em aerogéis de carbono por secagem com acetona supercrítica [60] e em criogéis de carbono [61].

Foram referidos outros recursos naturais possíveis para a preparação de géis de carbono, como a celulose e a glucose [62]. Estes precursores não obedecem aos requisitos habituais da química sol-gel acima referidos e, em especial, o rendimento em carbono é intrinsecamente baixo quando são diretamente pirolisados em condições normais. No entanto, podem levar à formação de géis de carbono através de tratamento hidrotérmico [62].

Foi recentemente publicada uma revisão sobre a produção de aerogéis de carbono preparados a partir de biomassa e de precursores derivados da biomassa [68]. As propriedades estruturais destes aerogéis de carbono sustentáveis podem ser facilmente adaptadas através do controlo de parâmetros sintéticos, como a seleção e concentração de precursores ou o método de secagem, e estes carbonos podem ser utilizados numa variedade de aplicações ambientais e energéticas.

Quando comparados com os géis de carbono fabricados a partir de resorcinol ou de outras moléculas sintéticas, os géis de carbono derivados de biopolímeros possuem geralmente volumes de macroporos mais elevados e distribuições de tamanho de mesoporos muito mais amplas. As suas áreas de superfície e volumes de mesoporos são inferiores, mas são significativamente mais baratos. Por conseguinte, estes novos materiais derivados de recursos naturais podem ser sérios substitutos dos dispendiosos aerogéis de carbono RF para as mesmas aplicações e o seu estudo será provavelmente alargado nos próximos anos.

3. REDUÇÃO DOS TEMPOS DE GELIFICAÇÃO E DE CURA

Os aerogéis de RF bem investigados são mais frequentemente catalisados com bases fracas como o carbonato de sódio. A formação de colóides, a gelificação e a secagem destes aerogéis necessitam normalmente de algumas horas a dias, dependendo da temperatura e da composição da solução de RF. Embora o tempo de gelificação seja influenciado principalmente pelo rácio de diluição e possa ser reduzido trabalhando com rácios R/C baixos [69], também pode ser afetado pelo pH. Assim, se o pH da solução inicial for superior a 7,0, a gelificação pode ocorrer no segundo dia, e se o pH for inferior a 6,8, o gel forma-se em várias horas [4]. Uma das estratégias que pode ser utilizada para reduzir o tempo de gelificação dos géis de RF é a redução do pH através da utilização de ácidos inorgânicos como catalisadores da polimerização [10,69,70].

O papel do catalisador ácido pode ser explicado através da análise do mecanismo da reação de policondensação de resorcinol e formaldeído (ver Figura 1), que envolve duas sub-reacções principais, adição e condensação, sendo a primeira catalisada por condições básicas e a segunda por condições ácidas [4]. Quando um ácido catalisador é utilizado na primeira fase, o caminho da reação é diferente do explicado acima. Neste caso, o formaldeído é protonado e o carbocátion^{+} CH_2OH formado ataca uma molécula de resorcinol (reação de adição). O derivado hidroximetil resultante é instável em meio ácido e o OH do grupo metilol é eliminado como água, gerando um catião do tipo benzílico (-ph- CH_2^{+}) que ataca outra molécula de resorcinol, dando lugar à reação de condensação, com formação de pontes de metileno ($-CH_2-$). Adicionalmente, em condições ácidas, o grupo hidroxilo do derivado hidroximetil pode ser protonado ainda mais, podendo perder moléculas de água para formar um catião do tipo benzilo que leva a uma substituição aromática electrofílica adicional ou à condensação com outro derivado hidroximetil, acelerando a polimerização e reduzindo o tempo de gelificação.

O uso de ácido clorídrico (HCl) altamente concentrado na preparação de aerogéis RF levou a aerogéis orgânicos em tempos de gelificação muito curtos, variando de alguns segundos a minutos [69]. As razões molares R/C variaram entre 0,55 e 21,85 e a quantidade de água entre 53,8 e 77,8% em peso e os géis foram secos à pressão ambiente a 40°C durante 2 dias ou num forno de vácuo. Para uma quantidade fixa de água, o tempo de gelificação diminuiu quando R/C aumentou (Figura 4.a). Quando R/C era fixo, o tempo de gelificação aumentava com o aumento da quantidade de água (Figura 4.b). Os autores explicaram estes factos da seguinte forma. A ação do catalisador consiste em ativar as moléculas de resorcinol, que reagem com o formaldeído para formar um monómero. O monómero pode reagir com outro resorcinol ativado para formar um dimmer, um anel aromático ligado ao metileno, tipicamente com um CH_2OH numa posição. Com o aumento da concentração de catalisador, a concentração de moléculas de resorcinol ativado também aumenta e, assim, a reação de policondensação para formar oligómeros em cadeia é acelerada (Figura 4.a). Quanto maior for a diluição, ou seja, quanto menor for a concentração de moléculas de RF, mais tempo é necessário para a formação de oligómeros e também para a formação de partículas secundárias e de uma rede de gel (Figura 4.b).

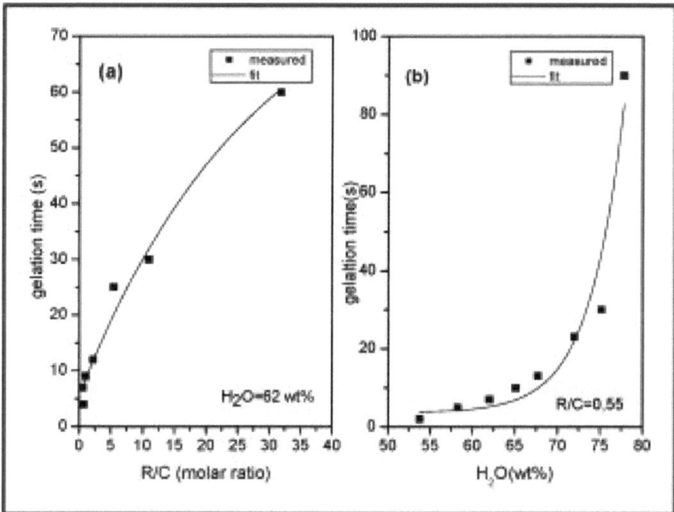

Fig. 4 Influência da razão molar R/C (a) e da % em peso de H_2O (b) no tempo de gelificação de aerogéis RF catalisados por HCl- (Dados de [69])

Barbieri et al [70] relataram a síntese de novos aerogéis orgânicos secos com CO_2 supercrítico preparados usando acetona como solvente e ácido perclórico como catalisador, com razões R/C de 50 e 200, muito semelhantes às usadas no caso de catalisadores básicos [6,7]. Os tempos de gelificação-cura foram encurtados até 3 dias, em comparação com o período de 7 dias necessário para a gelificação quando se utilizou catalisador básico [70]. Além disso, a temperatura utilizada na síntese efectuada sob catálise ácida foi mais baixa (45 °C) do que a utilizada com catalisadores básicos (80 °C), o que também significa uma poupança de energia. Os aerogéis orgânicos catalisados por ácido apresentaram uma ampla distribuição de tamanhos de poros grandes e uma estrutura que consistia em agregados fractais com dimensão fractal de massa próxima de 2,5 e elevada resistência mecânica, estrutura muito diferente da relatada nos aerogéis tradicionais catalisados por base.

Nos casos em que o ácido acético foi utilizado como catalisador [20,71], a redução no tempo de cura da gelificação não foi tão significativa, porque ainda eram necessários tempos globais de 5 dias (1 dia a 20 °C, 1 dia a 50 °C e 3 dias a 90 °C) para produzir os géis orgânicos. No entanto, o tempo de cura à temperatura mais elevada (3 dias a 90ªC) foi mais curto do que quando se utiliza um catalisador de base (cerca de 7 dias a 85-90 °C). Além disso, quase todas as propriedades estruturais dos aerogéis de carbono derivados de aerogéis de RF catalisados por bases podem ser reproduzidas utilizando diferentes concentrações de ácido acético.

Brandt et al [20] sintetizaram uma série de aerogéis de carbono numa gama de densidades de 0,1 a 1 g/cm3 com poros e partículas de pm a nm, a partir de géis RF preparados usando ácido acético como catalisador, e razões molares R/C de 5 e 1300. Os preparados a R/C=1300 apresentaram as mesmas propriedades, no que diz respeito à condutividade eléctrica, aos módulos elásticos, ao tamanho e volume dos microporos, à densidade das partículas primárias e à retração, que os aerogéis de carbono catalisados por bases equivalentes preparados a R/C >1000, com a vantagem de a utilização do ácido acético permitir a produção de aerogéis de carbono altamente puros, sem quaisquer impurezas de sais metálicos.

Um caso mais drástico de redução do tempo de gelificação utilizando um ácido como catalisador foi relatado por Fairen-Jimenez et al [10] para um aerogel de carbono preparado com ácido *p-toluenossulfónico* com uma razão molar R/C de 800. A reação de polimerização foi tão rápida que a mistura solidificou imediatamente e foi necessária uma quantidade de catalisador dez vezes inferior (R/C=8000) para controlar a polimerização. Quando se utilizou ácido oxálico a R/C=800 o tempo de gelificação foi de 12 h, em contraste com as 24 h necessárias para formar o gel quando se utilizaram carbonatos alcalinos [10]. A maioria dos aerogéis de carbono preparados eram mesoporosos com distribuições de tamanho de poro estreitas. No entanto, a densidade das amostras preparadas em condições ácidas era duas ou três vezes superior à das amostras preparadas com carbonatos alcalinos. Isto resultou de uma maior agregação dos aglomerados formados durante a reação de polimerização em condições ácidas, o que levou a uma diminuição dos espaços vazios entre os aglomerados.

Esta tendência de evolução da densidade com a utilização de um catalisador básico ou ácido durante a polimerização por RF é oposta à encontrada por Merzbacher et al [72] para aerogéis de carbono preparados utilizando ácido nítrico a 68% em solução aquosa, com razão R/C de 50 e razão mássica de 15 wt%, provavelmente devido às diferentes quantidades de catalisador e diluição de RF utilizadas em ambos os trabalhos. Este aerogel de carbono apresentou uma densidade (0,18 g/cm^3) inferior a outros aerogéis de carbono preparados por autores sob catálise básica (0,22-0,29 cm^3/g) e condições de síntese semelhantes. O material catalisado por ácido tinha partículas substancialmente maiores (~ 3 pm de diâmetro) do que as básicas (850-100 nm). Estas partículas grandes estavam fracamente agrupadas, conduzindo a vazios de 10 pm ou mais, e resultando numa densidade relativamente baixa de 0,18 g/cm^3. Não foi registada qualquer redução no tempo de gelificação no caso da utilização de ácido nítrico em vez de carbonato de sódio como catalisador (2 dias em ambos os casos) [72].

Como explicado acima, o catalisador básico promove a reação de adição e o catalisador ácido a reação de condensação. A combinação de ambos os tipos de catalisadores num método baseado em duas etapas, uma primeira de polimerização sob catalisador básico e uma segunda de condensação reforçada sob condições ácidas, foi relatada [73,74].

Feng et al [73] efectuaram uma síntese rápida de géis orgânicos e de carbono de RF através de uma adição adicional de ácido acético ou carbonato de sódio aos resóis de

RF pré-polimerizados durante 2 horas em condições básicas. A adição adicional de catalisador acelerou o processo de gelificação e a formação da estrutura de rede de reticulação 3D foi reorganizada durante o processo de gelificação, levando a uma distribuição de tamanho de poros menos uniforme e alargada. As caraterísticas texturais das amostras foram influenciadas pelo tipo de catalisador adicionado. A adição de ácido acético destruiu o crescimento das cadeias na fase de agregação, enquanto a adição de base melhorou a interligação da estrutura da rede. Consequentemente, quando se adicionou ácido acético, registou-se uma diminuição da área de superfície e do volume dos em relação à amostra à qual não se adicionou catalisador na segunda fase. O efeito contrário foi observado quando se adicionou mais carbonato de sódio.

Polímeros e carbonos de RF mesoporosos altamente ordenados foram sintetizados num curto espaço de tempo por um método de duas etapas realizado à temperatura ambiente [74]. O primeiro passo foi a pré-polimerização de RF por 1h na presença de carbonato de sódio. Na segunda, o RF resol foi misturado com um tensioativo não iónico, Pluronic F1127, e o ácido HCl foi adicionado como catalisador para permitir a rápida auto-montagem e condensação, que ocorreu em apenas 10 h. Após a ativação por CO_2, o material de carbono manteve a sua mesoestrutura ordenada, enquanto a área de superfície BET e o volume total de poros aumentaram notavelmente até 2660 m^2/g e 2,01 cm^3/g, respetivamente.

Bruno et al [75] relataram recentemente um novo método baseado na utilização de um polielectrólito catiónico durante a síntese, que reduz significativamente os tempos de gelificação e cura e mantém a porosidade dos géis RF durante a secagem através de um efeito estabilizador do polielectrólito na nanoestrutura sol-gel. O resorcinol e o formaldeído foram polimerizados por aquecimento a 70 °C durante 24 h, na presença de Na2CO3 como catalisador e cloreto de polidialildimetilamónio, PDADMAC, como agente estruturante. Os géis monolíticos obtidos após a reação foram simplesmente secos ao ar a 70 °C durante 6 h, não tendo sido necessária qualquer troca de solvente, tornando desnecessário o processo de cura lento. A área de superfície BET do gel de carbono RF obtido por pirólise a 800 °C foi de 725 m^2/g, enquanto que a da resina RF produzida na ausência de PDADMAC foi negligenciável (<10 m^2/g), indicando que o polielectrólito catiónico era necessário para que a porosidade fosse mantida. É bem conhecido que os géis RF porosos são constituídos por aglomerados de tamanho nanométrico ou nanopartículas, que são carregados negativamente em meios básicos devido aos grupos fenólicos, interligados numa estrutura aberta [6]. Os autores propuseram que o polielectrólito catiónico poderia ser adsorvido na superfície das nanopartículas carregadas negativamente, estabilizando a estrutura porosa durante a secagem. No entanto, descobriram que era necessária uma concentração adequada de PDADMAC (R/ PDADMAC=1/1,6 x 10^{-2}) para obter um gel mecanicamente estável. Quantidades mais elevadas de polielectrólito causaram uma maior inibição da agregação, conduzindo a um material macio que se desfez facilmente num pó fino.

O aquecimento durante a etapa de gelificação é necessário para fornecer a energia necessária para a reação de polimerização endotérmica. O tempo de gelificação necessário para produzir géis orgânicos RF pode ser significativamente reduzido através da elevação da temperatura de gelificação. Assim, a síntese de géis RF com rácios R/C entre 1000 e 3000 pode ser encurtada de cerca de três dias para um dia, aquecendo a solução imediatamente após a mistura a 90 °C [76]. Embora a elevação da temperatura resulte em tamanhos de partículas e de poros ligeiramente mais pequenos, pode ser contrabalançada pelo aumento da relação R/C. Por exemplo, os carbonos mesoporosos com um diâmetro médio de poro de 80 nm foram sintetizados em apenas 24 h, utilizando uma relação R/C de 2000.

São normalmente utilizadas temperaturas de gelificação de cerca de 80-90 °C. No entanto, é possível baixar significativamente esta temperatura para 40°C utilizando acetona como solvente em vez de água [77]. Além disso, Probstle et al [78] relataram a polimerização de géis RF a uma temperatura tão baixa como 30 °C, utilizando água como solvente. No entanto, a poupança de energia resultante da utilização de uma temperatura de gelificação baixa é contrabalançada pelos tempos de gelificação mais longos necessários em comparação com a utilização de uma temperatura de gelificação mais elevada.

Outra estratégia que pode ser utilizada para diminuir o tempo de gelificação da solução RF é a realização da polimerização sob ondas ultra-sónicas [79-82]. Os fenómenos sonoquímicos são originados pela interação entre um campo adequado de ondas acústicas e um sistema químico potencialmente reativo; a interação ocorre através do fenómeno intermédio da cavitação acústica. A cavitação tem três fases, a nucleação, o crescimento e o colapso implosivo das bolhas de cavitação e o número de locais de cavitação depende da intensidade ultra-sónica [83]. Os efeitos químicos dos ultra-sons têm sido atribuídos ao colapso implosivo das microbolhas de cavitação formadas durante o período de expansão das ondas sonoras [84]. Presa dentro de uma microbolha, a mistura reagente é exposta a uma temperatura e pressão elevadas aquando da implosão e as moléculas são fracturadas, formando espécies altamente reactivas com uma grande propensão para reagir com as moléculas circundantes.

Verifica-se que os ultra-sons são muito úteis, pois aumentam as taxas de reação e os rendimentos dos produtos, encurtam o tempo de reação, alteram o percurso da reação e tornam possível uma reação mais branda (temperatura mais baixa), havendo muitas aplicações dos ultra-sons à química dos materiais [83,85]. No entanto, só em 2005 é que os ultra-sons foram aplicados pela primeira vez à policondensação de resorcinol e formaldeído [79]. O ultrassom foi aplicado durante a etapa de gelificação dos hidrogéis, que foram posteriormente liofilizados antes da troca de água por *t-butanol*. Os autores verificaram que o tempo de gelificação diminuiu com o aumento da concentração do catalisador (C/W entre 20 e 80) e com a intensidade das ondas ultra-sónicas (variou entre 57 e 106 W/cm^2). Foram obtidos valores de tempo de gelificação compreendidos entre 50 e 150, em contraste com as 35 h necessárias para a gelificação de amostras não sonicadas. O tempo de gelificação mais curto observado para amostras ultra-sónicas em comparação com não sonicada foi explicado em termos de um efeito sinérgico entre ultra-sons e catalisador durante o processo de gelificação da solução de RF. Como a irradiação ultra-sónica aumenta o número de radicais livres/espécies activas [83] na solução RF e promove a reação de adição na primeira fase do processo, o tempo de gelificação é encurtado por irradiação ultra-sónica. No entanto, o ultrassom parecia não alterar o caminho da reação porque a concentração do catalisador influenciou tanto o gel de carbono quanto o sonogel de carbono e não houve diferenças entre a distribuição do tamanho dos poros das amostras não sonicadas ou aquelas sonicadas em diferentes intensidades (Figura 5).

Relativamente às propriedades texturais, os sonogéis de carbono preparados por irradiação ultra-sónica tinham volumes de mesoporos de 0,54-0,93 cm^3/g e valores DE S_{BET} na gama de 590-720 m^2/g. Eles mostraram distribuição de tamanho de mesoporos afiada, mesmo em alta concentração de catalisador ou pH alto, em comparação com criogéis de carbono preparados nas mesmas condições, que não eram sólidos mesoporosos. Os ultra-sons melhoraram a mesoporosidade dos criogéis de carbono preparados com C/W= 20 mol/m^3 e aumentaram o volume e o diâmetro dos mesoporos. No entanto, para outras relações C/W (20 e 40 mol/m^3), o efeito dos ultra-sons não foi tão acentuado e os autores não conseguiram explicar completamente o efeito das ondas ultra-sónicas nas alterações da mesoporosidade dos criogéis de carbono com a concentração de catalisador utilizada.

O mesmo grupo de investigação relatou a preparação de monólitos de carbono macroporoso interconectados em 3D por irradiação ultra-sónica de 78 W/cm^2 de intensidade [80], sem a necessidade de utilizar modelos, diminuindo a relação C/W para 10 $mnol/m^3$, para as mesmas relações R/F e R/W utilizadas em [79]. Os géis foram liofilizados e, para comparação, foram também obtidos criogéis não sonicados. O ultrassom não só diminuiu significativamente o tempo de gelificação de 48 h (monólito de gel de RF) para 8 h (monólito de sonogel de RF), mas também diminuiu o encolhimento dos géis de RF macroporosos interconectados em 3D (apenas 1% para o monólito de sonogel em contraste com os 21% para o monólito de gel). Além disso, a estrutura do monólito de gel de RF era mesoporosa, enquanto o monólito de sonogel de RF apresentava uma estrutura macroporosa interligada em 3D, que foi preservada após a pirólise.

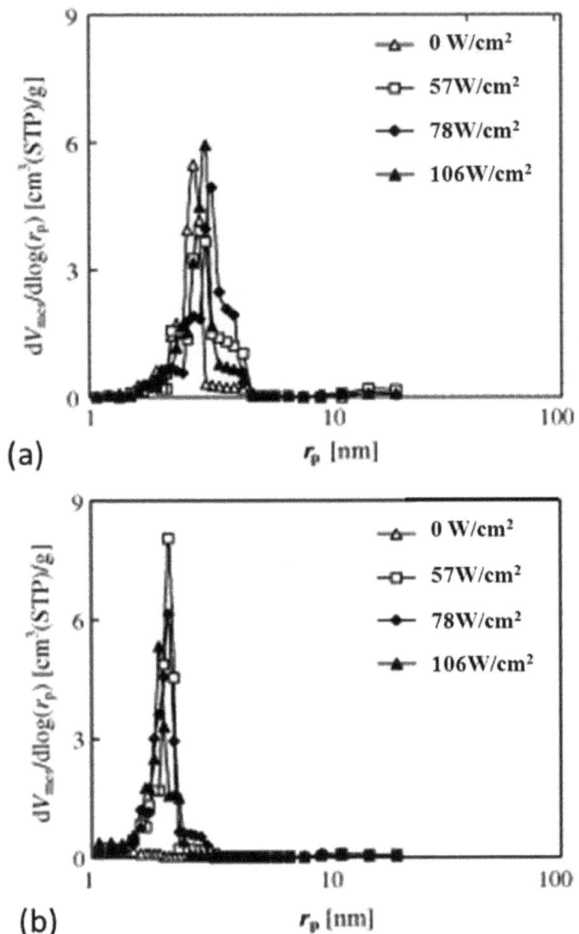

Figura 5. Distribuição do tamanho dos mesoporos do gel de carbono RF preparado com diferentes intensidades ultra-sónicas em duas relações C/W. (a) C/W= 40 mol/m^3, (b) C/W=80 mol/m^3 (Adaptado de [79])

O uso de ultrassom durante a etapa de gelificação também foi aplicado a géis orgânicos secos por outras técnicas alternativas à liofilização, como micro-ondas [81] e secagem com ar quente a 75 °C [82]. Neste último trabalho, os autores prepararam um monólito de carbono com estrutura porosa hierárquica em duas etapas. Na primeira, a macroporosidade foi gerada por irradiação ultra-sónica durante a polimerização sol-gel. Na segunda , a formação de mesoporos foi induzida pela impregnação de monólito seco com $Ca(NO_3)_3$ em ar quente, seguida de ativação com CO_2. A microporosidade dos géis de carbono foi desenvolvida por pirólise sob fluxo de N2 ou por ativação com fluxo de CO_2. Quando a potência ultra-sónica aumentou o volume de macroporos e o diâmetro médio dos poros também aumentou e a distribuição do tamanho dos macroporos tornou-se mais ampla. Pelo contrário, o diâmetro médio dos macroporos diminuiu quando a temperatura do ultrassom foi aumentada.

A combinação de várias técnicas em diferentes fases de preparação para reduzir o tempo global na síntese de carbonos RF foi levada a cabo por Tonanon et al [81], que aplicaram a irradiação ultra-sónica durante o processo de gelificação para encurtar o tempo de gelificação e, além disso, para melhorar as propriedades mesoporosas dos géis que foram subsequentemente secos por micro-ondas e carbonizados a 750 °C. Quando R/C aumentou de 50 para 200 para uma quantidade fixa de água (C/W = 80 mol/m^3), tanto a mesoporosidade como a área de superfície BET dos xerogéis de carbono secos por micro-ondas aumentaram (ver Quadro 1).

Da mesma forma, para um R/C fixo = 200, o aumento da quantidade de água também produziu um aumento na mesoporosidade. É bem conhecido na literatura [6] que a quantidade de catalisador utilizada é crítica para a formação da rede e dos poros. Uma grande quantidade de catalisador provoca a formação de muitos pequenos aglomerados e pequenos poros entre eles. Se os poros forem pequenos, a estrutura de mesoporos não pode ser mantida após a secagem devido à forte força capilar. Pelo contrário, se forem utilizadas pequenas quantidades de catalisador (R/C elevado), os aglomerados formados tornam-se maiores e os poros também. Os autores propuseram que o efeito da irradiação ultra-sónica era semelhante ao da utilização de pequenas quantidades de catalisador, porque provavelmente resultava na geração de mais radicais livres que conduziam a um tempo de reação rápido e a aglomerados maiores e mesoporos maiores [80] que podem ser mantidos após a secagem por micro-ondas. Como visto na Tabela 1, a mesoporosidade das amostras sonicadas foi maior do que a das contrapartes não sonicadas, embora para um R/C=200 fixo a melhoria da mesoporosidade pelo uso de ultrassom foi mais acentuada para uma relação C/W baixa (20 $mol/m^{3)}$. Por outro lado, para uma relação C/W elevada (80 mol/m^3), se forem utilizadas quantidades mais elevadas de catalisador (R/C= 50 e 100), os ultra-sons quase não melhoraram a mesoporosidade dos géis secos por micro-ondas.

Tabela 1. Caraterísticas texturais dos xerogéis de carbono preparados por secagem por micro-ondas (Dados de [81])

		Ultrasonicated		Not ultrasonicated	
C/W (mol/m^3)	R/C (mol/mol)	V_{mes} (cm^3/g)	S_{BET} (m^2/g)	V_{mes} (cm^3/g)	S_{BET} (m^2/g)
20	200	0.99	570	0.65	610
40	200	0.68	670	0.49	520
80	50	0.02	5	0.01	6
80	100	0.3	640	0.29	620
80	200	0.59	760	0.46	730

4. UTILIZAÇÃO DE TÉCNICAS DE SECAGEM ALTERNATIVAS, ECONÓMICAS E/OU RÁPIDAS

A secagem do gel é um dos passos mais importantes do processo original desenvolvido por Pekala [1,2] porque tem uma influência muito marcada na textura dos poros dos géis RF. O método mais simples para secar um gel húmido é a evaporação do solvente em condições atmosféricas. Nestas condições, as enormes diferenças entre a tensão superficial das fases de vapor e líquida coexistentes resultam em tensões mecânicas dramáticas que levam ao colapso das estruturas dos poros e à formação de um polímero denso chamado xerogel.

A fim de reduzir as forças capilares na interface líquido-vapor produzidas durante a evaporação simples, que resultam na contração e fissuração dos géis e na formação de materiais não porosos, foram desenvolvidos métodos de secagem mais complexos. Estes métodos incluem a secagem supercrítica, a liofilização, a secagem por micro-ondas, a secagem à temperatura ambiente e a secagem subcrítica (secagem convectiva ao ar e secagem sob vácuo). A secagem supercrítica e a liofilização são técnicas muito utilizadas. No entanto, são bastante dispendiosas, difíceis de manusear e com tempos de processamento muito longos, pelo que não serão aqui revistas em pormenor. A utilização de micro-ondas está a ganhar importância nos últimos anos para a produção de géis orgânicos porque reduz significativamente o tempo de secagem e o custo do processo de secagem em comparação com a secagem supercrítica. Além disso, o tempo do processo global sol-gel pode ser reduzido em grande medida se as micro-ondas forem aplicadas adicionalmente durante as fases de síntese e de cura. Por conseguinte, é dedicado um estudo muito pormenorizado a esta técnica na secção correspondente.

4.1. Secagem supercrítica e liofilização

Na secagem supercrítica [5,11,86,87], o solvente do gel húmido é previamente trocado durante 3 ou 4 dias por outro solvente solúvel em CO_2, geralmente acetona, que é subsequentemente trocado por CO_2 líquido. Posteriormente, o CO_2 líquido (Tc = 31 °C, Pc =7,4 MPa) é deslocado para as suas condições de estado supercrítico (~ 45 °C e ~ 11 MPa) sem passar pela interface vapor-líquido, o que minimiza a tensão mecânica contra as paredes dos poros. Em seguida, é mantido nas condições supercríticas durante várias horas. O encolhimento produzido durante a secagem é mínimo e os géis assim formados, chamados aerogéis, retêm grande parte das texturas originais e têm áreas de superfície e volumes totais de poros mais elevados em comparação com os xerogéis de carbono. Para encurtar significativamente o tempo do processo, a secagem supercrítica pode ser efectuada com um solvente orgânico, geralmente acetona, que é inicialmente utilizado para trocar a solução aquosa [22,88]. Isto elimina a necessidade de trocar o solvente orgânico por CO_2. Os aerogéis obtidos têm caraterísticas texturais semelhantes às dos formados por secagem com CO_2 supercrítico. No entanto, o encolhimento e a densidade dos aerogéis de RF da secagem supercrítica com acetona são maiores do que aqueles com CO_2. Além disso, são necessárias temperaturas elevadas para transferir a acetona no aquagel para condições supercríticas (Tc = 235 °C, Pc = 4,7 MPa).

O método de secagem supercrítica é difícil de aplicar na produção industrial de aerogéis do ponto de vista do custo de secagem e o elevado preço dos aerogéis impede a sua utilização em aplicações comerciais.

A liofilização é outra forma de evitar a interface líquido-vapor, preservando assim as propriedades porosas e estruturais originais do gel húmido [89-91]. Foi introduzido como um método alternativo à técnica de secagem supercrítica porque o processo de liofilização é mais económico e mais fácil de operar. Este método consiste em três fases: congelação, sublimação do solvente e dessorção das moléculas de solvente residuais que foram adsorvidas na superfície sólida. Na primeira fase, o gel húmido é congelado por imersão em azoto líquido e depois seco durante cerca de 48 h num liofilizador equipado com uma bomba de vácuo e um condensador a uma temperatura de -10 °C. Em seguida, a solução aquosa congelada é removida do gel por sublimação sob pressões reduzidas, que devem ser inferiores à pressão de vapor do solvente congelado à temperatura considerada (pressão de vapor da água a -10 °C: 260,2 Pa). Os géis obtidos por liofilização são designados por criogéis.

A textura final dos géis RF liofilizados depende de vários parâmetros de síntese, tais como o rácio de diluição ou o rácio molar R/C. A taxa de congelação também afecta a textura final dos criogéis e uma congelação rápida retém ë

estrutura monolítica dos géis [92]. Os criogéis de carbono RF são maioritariamente mesoporosos com áreas de superfície > 800 m^2/g e volumes de poros > 0,55 cm^3/g [90]. Embora as áreas de superfície e os volumes de mesoporos dos criogéis de carbono RF sejam menores do que os dos aerogéis de carbono RF, a formação de microporos é mais fácil após a pirólise. Outra caraterística dos criogéis é a megaloporosidade (poros grandes de grande dimensão) que não está presente nos aerogéis.

4.2. Micro-ondas

A secagem por micro-ondas pode ser uma forma alternativa de preparar géis RF com um tempo de secagem curto. A secagem por micro-ondas, que é causada por uma reação dipolar rápida de moléculas dieléctricas sob campos electromagnéticos, tem várias vantagens, incluindo a taxa de secagem rápida, que resulta numa redução da energia consumida, o menor custo operacional, a prevenção da formação de pontos quentes e a prevenção de perdas de energia para a atmosfera. Uma revisão da síntese e processamento de materiais poliméricos em condições de micro-ondas pode ser encontrada em [93].

Existem muitos processos que envolvem materiais de carbono em que a radiação de micro-ondas é a principal fonte de aquecimento utilizada devido à sua boa capacidade de absorção de micro-ondas. No caso do processamento de géis RF para obtenção de géis orgânicos e géis de carbono, as micro-ondas têm sido aplicadas em diferentes fases: secagem [19, 81,94-97], gelificação e cura [98], gelificação, cura e secagem [99102] e gelificação, cura e ativação química [103] e têm sido utilizados diferentes dispositivos, unimodais [19, 81,94-97] ou multimodo [95,99-104]. A utilização de micro-ondas nas fases de gelificação e cura pode ser considerada como uma estratégia para encurtar o tempo de gelificação e cura, e pode ter sido incluída na secção anterior. No entanto, como é geralmente combinada com a utilização de micro-ondas durante a fase de secagem, é discutida na presente secção.

Yamamoto et al. [94] foram os primeiros autores a utilizar a tecnologia de micro-ondas para secagem de hidrogéis de carbono formados pela polimerização de resorcinol e formaldeído. Os hidrogéis foram preparados modificando a razão R/C entre 100 e 200, com quantidades variáveis de água (W) e as caraterísticas texturais dos géis que foram secos por micro-ondas durante 10 min (não foram fornecidos dados da potência utilizada) foram comparadas com as obtidas por liofilização. Os hidrogéis RF foram previamente imersos em volumes 10 vezes maiores de *t-butanol*, de modo a encurtar o tempo de secagem e a diminuir a contração das estruturas porosas. Para um rácio R/C de 200, os géis de carbono derivados da secagem por micro-ondas tinham valores constantes de volume de mesoporos de 0,47-0,49 cm^3/g, independentemente do rácio molar R/W, tendo este apenas influência na microporosidade da amostra, conforme determinado pelo método *t-plot*. Os volumes de mesoporos (na gama de 0,45-0,50 cm^3/g) dos géis de carbono derivados da secagem por micro-ondas eram duas ou três vezes inferiores aos correspondentes às amostras preparadas por liofilização. No entanto, a economia de tempo empregue no primeiro processo torna-o um método rápido e fácil para a obtenção de géis de carbono mesoporoso.

Zubizarreta et al [95] foram os primeiros autores a relatar o uso de micro-ondas multimodo (potência de 1000 W, fluxo de N2 de 60 cm^3/min) como método de secagem de géis de RF, particularmente sintetizados com metanol como solvente. O catalisador utilizado para a polimerização foi o NaOH numa razão molar R/C de 20 e o pH da solução foi ajustado com ácido nítrico diluído para valores de 6, 7 e 9, de modo a estudar a sua influência nas propriedades texturais. Para efeitos de comparação, os géis foram também secos sob aquecimento por micro-ondas unimodal a diferentes potências de 500, 1000 e 1500 W, e por secagem convencional num forno. O forno de micro-ondas multimodo secou as amostras em tempos mais curtos do que o dispositivo unimodo. Assim, no caso dos géis sintetizados a valores de pH de 7 e 9, foram necessários apenas 6 minutos para secar o gel. Quando se utilizou o micro-ondas unimode, a temperatura atingida em todos os casos foi de 60-70 °C, mas o tempo de secagem dependeu da potência utilizada, variando entre 10 e 30 min e diminuindo com o aumento da potência. Em qualquer caso, os tempos empregues para a secagem dos géis em ambos os modos foram significativamente inferiores aos de outras técnicas de secagem. O pH influenciou o tempo necessário para secar as amostras, sendo os géis orgânicos preparados a pH=6 os que foram secos num tempo mais curto por aquecimento por micro-ondas. Este facto foi explicado em termos da maior quantidade de água deste carbono, que tem um momento dipolar superior ao do metanol, e por isso absorve mais facilmente as micro-ondas. Todos os géis de carbono formados após pirólise em azoto a 800 °C eram sólidos microporosos e os obtidos por secagem por micro-ondas tinham valores de volume de microporos acessíveis ao CO_2 semelhantes ou mesmo superiores (na gama de 0,20-0,25 cm^3/g) aos secos por um método convencional.

A vantagem da secagem por micro-ondas não é apenas encurtar o tempo necessário para a secagem, mas também melhorar as propriedades mecânicas dos géis de carbono resultantes. Assim, a estrutura monolítica das amostras, especialmente as preparadas a pH 7 e 9, foi preservada após a carbonização, em contraste com as amostras secas pelo método convencional, que se partiram em pedaços [95]. O método de secagem também afectou o conteúdo em oxigénio dos géis de carbono, sendo mais elevado para as amostras secas por micro-ondas, devido ao diferente mecanismo de secagem envolvido. Os autores propuseram que algumas reacções secundárias poderiam ter lugar durante a secagem por micro-ondas, formando uma rede mais reticulada com grupos funcionais de oxigénio mais estáveis, principalmente quinonas e grupos do tipo fenol [99], que permaneceram após a carbonização.

O mesmo grupo de investigação alargou a aplicação da secagem por micro-ondas unimodais a géis RF preparados utilizando água como solvente [96], utilizando uma potência de 1000 W durante 30 min para assegurar um peso constante. Neste estudo, os rácios molares R/C utilizados foram muito mais elevados (300-1000) do que quando se utilizou metanol como solvente (R/C=20) [95], de modo a obter uma rede mais mesoporosa. Não foi efectuada qualquer modificação do pH. A rede mesoporosa formada durante a síntese não colapsou durante a secagem por micro-ondas, dando origem a xerogéis orgânicos mesoporosos com áreas de superfície BET de cerca de 410 m^2/g e tamanhos médios de mesoporos que variam entre 14 e 50 nm, dependendo do R/C utilizado, cuja mesoporosidade também foi preservada após a pirólise. O desenvolvimento da microporosidade durante a etapa de carbonização não foi prejudicado pela secagem em micro-ondas.

Fang e Binder também aplicaram as micro-ondas unimodais para secar géis de RF preparados com água como solvente [19]. O tempo de cura da gelificação foi de 3 dias, tal como em [96], mas depois os géis foram tratados a 45 °C durante 3 dias com ácido trifluoroacético em água, que actua como agente de reticulação. Como consequência, os géis foram imersos em acetona durante 4 dias a 45 °C para substituir o ácido trifluoroacético dos poros antes da secagem. O longo período de tempo necessário para a síntese destes géis RF pode ser compensado pelo curto período de tempo utilizado na secagem por micro-ondas, 10 minutos a 500 W. Um aerogel de carbono com um valor S_{BET} de 592 m^2/g e um volume de mesoporos de 0,43 cm^3/g foi obtido após pirólise em azoto a 1000 °C.

Gallegos-Suarez et al [97] também aplicaram a secagem por micro-ondas unimodal (potência de radiação de 800 W em períodos de 2 min com tempos de paragem de 5 min entre eles) para secar hidrogéis preparados sem catalisador e com Na2CO3 como catalisador a uma razão R/C de 300. Quando não foi adicionado qualquer catalisador, o método de secagem utilizado (micro-ondas, secagem convencional em estufa ou secagem por CO_2 supercrítico) pareceu não afetar as caraterísticas texturais dos aerogéis e xerogéis de carbono finais, que eram todos sólidos microporosos. No entanto, quando o Na2CO3 foi utilizado como catalisador, a mesoporosidade das amostras obtidas foi fortemente afetada pelo método de secagem e o volume dos mesoporos foi significativamente mais elevado para os aerogéis de carbono (1,1 cm^3/g) do que para os xerogéis de carbono derivados de amostras secas por micro-ondas (0,20 cm^3/g).

Apesar da vantagem da irradiação por micro-ondas para encurtar o tempo de secagem dos géis [19, 81, 94-97], ainda é necessário muito tempo para a produção de géis de carbono, porque são necessários vários dias (geralmente entre 3 e 7) para os processos de gelificação e cura. A fim de encurtar estes últimos processos, Kang et al [98] aplicaram a irradiação por micro-ondas durante as fases de gelificação e cura num sistema de digestão por micro-ondas a 100 °C durante 1 h para preparar géis de carbono dopados com azoto através da carbonização assistida por amoníaco de polímeros de resorcinolformaldeído. No entanto, a secagem foi efectuada num forno de vácuo a 60 °C, com o consequente prolongamento do tempo de síntese. Quando comparados com os géis de carbono sintetizados pelo método hidrotérmico convencional, a área de superfície específica era mais elevada (1710 m^2/g *vs* 1080 m^2/g) e os tamanhos eram mais pequenos (700 nm *vs* 5 pm) mas mais uniformes, o que resultou numa capacitância eletroquímica significativamente mais elevada (185 F/g *vs* 148 F/g).

Calvo et al [99], que relataram a síntese multimodal por micro-ondas de xerogéis orgânicos num único passo, isto é, a utilização de micro-ondas durante as fases de gelificação, cura e secagem, avançou ainda mais no sentido de encurtar o tempo global de síntese de géis de carbono. A gelificação foi realizada a 40 °C e a cura e secagem foram desenvolvidas a 60 °C. O tempo total empregado para a síntese dos xerogéis orgânicos sintetizados a valores de pH de 5,8 e 6,5, ajustados pela adição de solução de NaOH, foi de apenas 3-4 h. As propriedades texturais (micro e mesoporosidade) dos xerogéis de carbono preparados a pH 6,5 foram semelhantes às das amostras secas pelo método convencional. Quando o pH desceu para 5,8, desenvolveu-se um grande volume de mesoporos de maior dimensão; contudo, o valor do volume de mesoporos foi duas vezes inferior para os xerogéis de carbono derivados de amostras secas por micro-ondas (0,66 cm^3/g) do que para os derivados de secagem convencional (1,48 cm^3/g). Nem a área de superfície S_{BET} nem a microporosidade foram significativamente afectadas pelo pH da solução inicial.

A gama de valores de pH de síntese para xerogéis orgânicos processados por micro-ondas foi alargada de 3,1 para 9,0 [100]. As razões molares utilizadas foram as mesmas que no trabalho anterior [86], mas as condições de síntese no dispositivo de micro-ondas multimodo foram diferentes: 3h a 85 °C para a gelificação e parte da fase de cura, e depois utilizando a potência máxima (700 W) até a síntese estar concluída (tempo total de 5h). Após pirólise a 800 °C, os xerogéis de carbono sintetizados a pH elevado eram não porosos (pH=9) ou pouco porosos (pH=7). No entanto, o micro-ondas permitiu a síntese de carbonos mesoporosos numa gama mais alargada de pH

(3,1-6,5) do que o método de secagem convencional. Para o xerogel de carbono sintetizado a pH=5,8, o volume de mesoporos (0,91 cm^3/g) e o diâmetro (45 nm) foram muito próximos dos do xerogel de carbono seco em forno elétrico (1,27 cm^3/g e 38 nm, respetivamente) para cuja síntese foram necessários quatro dias. A contribuição mais interessante deste trabalho foi a determinação do ponto de gelificação por um método simples e preciso, previamente descrito pelos autores [101], baseado na mudança da inclinação do gráfico da energia de micro-ondas consumida *versus* tempo durante a síntese de géis orgânicos. Como mostrado na Figura 6, esta mudança coincide com um aumento acentuado na viscosidade cinemática, o que indica que a formação do gel ocorre subitamente. Os xerogéis orgânicos preparados a pH 6,5 por micro-ondas multimodo num único passo foram selecionados num trabalho posterior [102] para estudar a influência de diferentes condições durante o passo de carbonização (tamanho de partícula, temperatura e taxa de aquecimento) na porosidade dos xerogéis de carbono preparados.

O potencial efetivo da técnica de micro-ondas para preservar as formas do carbono durante a pirólise foi utilizado por Menendez et al [104] para a preparação de esferas de xerogéis de carbono com diâmetro na escala milimétrica e textura porosa, sem o uso de catalisador, template ou surfactante para o processo de moldagem. O método baseou-se na paragem da condensação no ponto de gelificação, que pode ser determinado com precisão por meio de síntese por micro-ondas [101] e na emulsificação da mistura de gel para obter as esferas de xerogéis, cujo tamanho e texturas porosas podem ser controlados ajustando as condições de síntese. Um aumento do pH da solução de RF resultou numa maior quantidade de esferas de tamanho grande, como resultado da formação de nódulos poliméricos altamente ramificados de tamanho pequeno.

As micro-ondas podem ser utilizadas não só para os processos de secagem e/ou gelificação e cura, tal como referido nos artigos anteriores, mas também para o passo de ativação química, de modo a aumentar a microporosidade e as áreas superficiais dos xerogéis de carbono para serem utilizados como supercapacitores de elevado desempenho, sendo desta forma competitivos com os carvões activados. Embora a ativação por micro-ondas com hidróxido de potássio tenha sido previamente relatada utilizando resíduos de biomassa como precursor [105,106] ou resina fenólica [107], não existem muitos estudos da aplicação para a ativação de xerogéis orgânicos preparados a partir de uma mistura de resorcinol e formaldeído. Calvo et al [103] realizaram a ativação química com hidróxido de potássio num forno de micro-ondas multimodo sob azoto de alguns xerogéis orgânicos preparados a pH 6,5, previamente gelificados e curados também sob irradiação de micro-ondas a 85 e 100 °C, respetivamente. O xerogel de carbono mais adequado para ser utilizado como supercapacitor de alto desempenho foi o obtido após ativação a 700 °C durante apenas 6 minutos, para o qual foi preservada a mesoporosidade do xerogel orgânico precursor e, além disso, foi conseguido um grande volume de ultramicroporos, essencial para um armazenamento de carga eficiente.

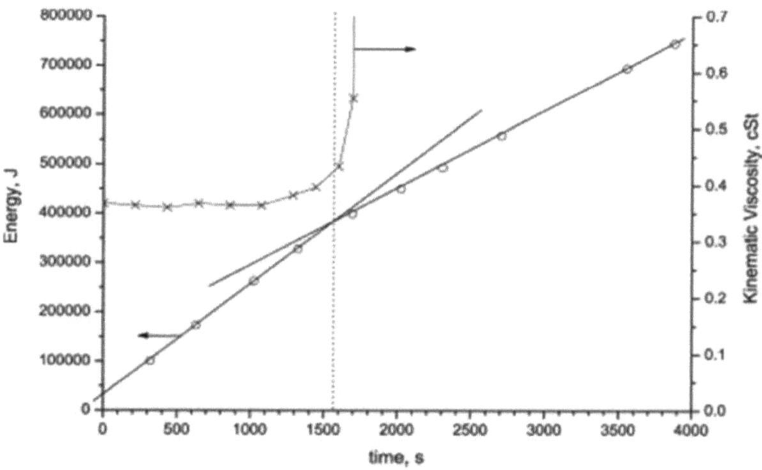

Figura 6. Variação da energia cumulativa consumida com o tempo e variação da viscosidade cinemática durante a síntese assistida por micro-ondas do gel RF preparado a pH 5,8 (De [101])

A secagem por micro-ondas num dispositivo unimodal a 200 W durante 10 min foi combinada com a aplicação da técnica de ultra-sons no processo de gelificação [81], tal como referido na secção anterior, para obter carbonos mesoporosos. Como já foi referido, a combinação de ambas as técnicas foi necessária ou não para preservar a mesoporosidade, dependendo das condições de síntese.

Como se concluiu dos trabalhos revistos, a secagem por micro-ondas pode ser uma alternativa à secagem convencional e mesmo à liofilização, para a obtenção de materiais com caraterísticas texturais semelhantes, mas num tempo mais curto. A síntese assistida por micro-ondas permite obter xerogéis de carbono micro e mesoporosos numa gama de pH mais ampla (4,5-6,5) do que na secagem convencional (5,8-6,5), sendo mesmo possível produzir xerogéis de carbono micro-macroporosos a pH tão baixo como 3,1. Como resumo, as propriedades texturais de vários géis de carbono preparados utilizando micro-ondas em diferentes fases do processo estão listadas na Tabela 2.

Tabela 2. Condições de síntese e propriedades texturais de alguns xerogéis de carbono preparados utilizando a técnica de micro-ondas em diferentes fases do processo (R/F=0,5)

		Molar ratios		Textural properties			
Ref.	Stage, mode	R/C	R/W	S_{BET} (m^2/g)	V_{mes} (cm^3/g)	V_{mic} (cm^3/g)	Process duration
19	Drying, unimode	150	0.021	592	0.43	0.25	6 d gelation-curing, 4 d solvent exchange, 10 min drying
81	Drying, unimode	200	0.072-0.288	520-760	0.49-0.99	No data	2.5 h gelation, 10 min drying
		100	0.144	620-640	0.29-0.33		
		50	0.072	5-6	0.01-0.02		

94	Drying, unimode	100, 200	0.021-0.082	550-626	0.14-0.48	0.14-0.41	5 d gelation-curing, solvent exchange,10 min drying
95	Drying, unimode, multimode NaOH as catalyst, pH adjusted with HNO_3	20	0.021[a]	Microporous samples, no data			3-4 h to 5 d gelation, 5 d curing, 20 min drying
96	Drying, unimode	300-1000	0.058	620-670	0.16-1.32	0.24-0.27	3 d curing, 30 min drying
97	Drying, unimode	No catalyst	0.13	600	0.04	0.24	7 d curing, 20 min drying
		300	0.07	540	0.20	0.21	
98[b]	Gelation	No catalyst	0.01	1710	0.15	0.68	1 h gelation, vacuum drying (no data time)
99	Gelation, curing, drying, multimode	No data, pH 5.8, 6.5 by NaOH addition	0.058	594-648	0.22-0.66	0.22-0.25	3-4 h
100	Gelation, curing, drying, multimode	No data, pH 3.1-7, by NaOH addition	0.058	586-663	0.11-0.91	0.25	5 h

[a] Relação R/metanol
[b] Carbonização assistida por amoníaco

4.3. Secagem ambiente

Tal como acima referido, as micro-ondas podem reduzir o tempo do processo global de preparação de géis orgânicos RF, encurtando não só o tempo de gelificação e cura, mas também o tempo de secagem, e os ultra-sons podem ser uma alternativa para encurtar o passo de gelificação, ao mesmo tempo que a mesoporosidade dos géis é melhorada. Existem outros métodos de secagem alternativos que não diminuem o tempo de secagem, porque a troca de solventes é geralmente necessária, mas o custo e a perigosidade do processo são significativamente reduzidos, em comparação com as técnicas de secagem supercrítica. Um destes métodos é a secagem à pressão ambiente.

Antes de os hidrogéis de RF serem secos com CO_2 supercrítico, é necessário trocar a água dos poros por outro solvente, geralmente acetona. Este passo de troca de solventes também é necessário no processo de secagem à temperatura ambiente, geralmente durante três dias, em média [28,71,108-110]. A seleção de solventes adequados para a troca com a água dos poros e a evaporação controlada do solvente são factores muito importantes para a secagem à temperatura ambiente, de modo a minimizar o colapso da estrutura do gel húmido causado pela tensão interfacial resultante da presença da interface líquido-vapor durante a secagem. No entanto, a síntese de aerogéis de carbono secos em condições ambientais sem troca prévia de solvente também foi registada [13,111]. O tempo poupado neste último caso converte esta técnica numa técnica mais promissora e competitiva em comparação com a secagem com CO_2 supercrítico.

Fischer et al [13] demonstraram que era possível obter aerogéis de carbono por secagem à temperatura ambiente sem troca de solventes, com baixas retracções durante a secagem e a pirólise, selecionando uma concentração de catalisador extremamente baixa (R/C=1000 e 1500). Os géis foram secos à temperatura ambiente durante 1 dia, a 50 °C durante 1 dia e a 90 °C durante 3 dias. Nestas condições, formaram-se géis com grandes partículas primárias e grandes diâmetros de poros, o que resultou em pressões capilares relativamente fracas, impedindo o colapso da estrutura dos poros após a secagem ao ar. Desta forma, foram obtidas retracções lineares de apenas cerca de 3% durante a secagem para aerogéis orgânicos preparados com concentrações de RF entre 40 e 55%. Este valor de contração foi o mesmo que o obtido para as amostras preparadas nas mesmas condições mas secas com CO_2 supercrítico.

A troca prévia de solventes não foi necessária para a preparação de aerogéis de carbono de baixa densidade (0,250 cm^3/g) com estruturas de nanopartículas semelhantes

típico dos aerogéis preparados por secagem supercrítica com CO_2 ou isopropanol [111]. No entanto, as condições de síntese neste trabalho foram bastante diferentes das dos géis orgânicos RF, porque o monómero utilizado foi furfural em vez de resorcinol na presença de um álcool como solvente, e a hexametilentetramina (HMTA) foi utilizada como catalisador e reagente de reticulação. Após o período de cura (3-19 dias), os alcogéis foram secos em três etapas: ao ar à temperatura ambiente durante 1 dia, sob uma lâmpada de infravermelhos com uma temperatura de irradiação de 100 °C durante 5 h e, finalmente, secos numa estufa a 200 °C à pressão ambiente durante 5 h. A adição de uma quantidade adequada de HMTA (R/HMTA entre 25 e 45) aumentou a partícula de carbono e o diâmetro dos poros para um tamanho adequado, alterando o empilhamento das nanopartículas de carbono, e aumentou a resistência da rede de alcogéis. Nestas condições, não se observou qualquer colapso ou contração dos aerogéis orgânicos durante a pirólise, e as densidades dos aerogéis de carbono relacionados foram quase as mesmas (cerca de 0,250 cm^3/g) que as dos precursores de aerogéis orgânicos e muito próximas das relatadas na literatura para aerogéis de carbono preparados por secagem supercrítica de CO_2.

Foram observadas retracções lineares mais baixas (menos de 1%) durante a secagem do que as referidas acima para géis preparados com RF com rácio R/C de 1500 e teor de RF de 30% e secos à pressão ambiente [108]. Durante a gelificação e a cura, as amostras foram tratadas num ciclo de três temperaturas, temperatura ambiente, 50 °C e 90 °C, durante diferentes períodos de tempo. Após a cura e a troca da água dos poros remanescente com acetona, os géis RF resultantes foram secos à pressão ambiente a 50 °C. O tamanho das entidades estruturais dos aerogéis RF obtidos nas condições de síntese situava-se na gama dos micrómetros e a tensão capilar fortemente reduzida para essas estruturas de macroporos permitia a secagem à pressão ambiente quase sem retração. O encolhimento linear devido à pirólise foi de 20%.

Shen et al [109] aplicaram condições de gelificação e cura mais curtas do que as referidas em [108] (1 dia a 50 °C e 2 dias a 90 °C) para a síntese de géis de radiofrequência preparados com uma relação R/C entre 500 e 1500 e um teor de radiofrequência de 30% e secos em condições ambientes após a troca de água por acetona. O tamanho das partículas dos aerogéis de carbono aumentou com o aumento da relação R/C (ver Figura 7) de cerca de 100 nm para a relação R/C 500 para cerca de 1-2 pm para a relação R/C de 1500, e a estrutura do gel RF mudou de uma rede muito compacta para uma muito solta. Quando se utilizou uma relação R/C tão elevada como 1500, o aumento produzido no tamanho das partículas e os fortes pescoços entre as partículas melhoraram as propriedades mecânicas do esqueleto e o gel pôde ser seco em condições ambientais com êxito, apresentando uma contração de apenas 3,8%.

Brandt et al [71] sintetizaram aerogéis de carbono de baixa densidade e partículas primárias de dimensão nanométrica por secagem à pressão ambiente de aerogéis orgânicos RF com concentrações muito elevadas de ácido acético como catalisador. Durante o processo de gelificação-cura, as amostras foram mantidas durante 1 dia à temperatura ambiente, 1 dia a 50 °C e 3 dias a 90 °C. Após uma troca de água por acetona durante 3 dias, os géis foram secos à pressão ambiente durante mais 3 dias a 50 °C. Foram obtidos valores de retração inferiores a 10%, um pouco mais elevados do que no caso dos aerogéis preparados com Na2CO3 [13,108,109], se o R/C fosse 0,3 e a razão de massa estivesse próxima do limite de gelificação.

Os eléctrodos de RF de aerogel de carbono com densidades na gama de 0,45-0,85 g/cm^3 e porosidades de 60-70% foram preparados [17] através de uma técnica de secagem ambiente modificada, utilizando troca de acetona/evaporação controlada. A relação R/C e a concentração de sólidos da solução de RF foram fixadas em 1000 e 40 wt%, respetivamente, e o pH inicial foi ajustado entre 3,0 e 7,5 com ácido nítrico diluído e hidróxido de amónio. Os géis húmidos RF foram colocados num banho de acetona, que foi aquecido até próximo do ponto de ebulição (56,5 °C) para acelerar a difusão da água do gel húmido RF e foram utilizadas trocas múltiplas com acetona fresca durante 96 h. A secagem ambiente foi realizada à temperatura ambiente durante 72 h e a 50 °C numa estufa durante 72 h através da evaporação controlada do líquido dos poros no ambiente de acetona. A área de superfície específica (na gama de 480-610 m^2/g) e a distribuição do tamanho dos poros dos aerogéis de carbono variaram sensivelmente com o pH da solução RF inicial, enquanto as suas densidades (~ 0,5 cm^3/g) e porosidades (-80%) se revelaram quase constantes para valores de pH entre 3,0 e 6,5. O encolhimento linear durante a secagem ambiente foi inferior a 4%, muito próximo dos 3% observados na literatura para aerogéis de RF secos com CO_2 supercrítico [10].

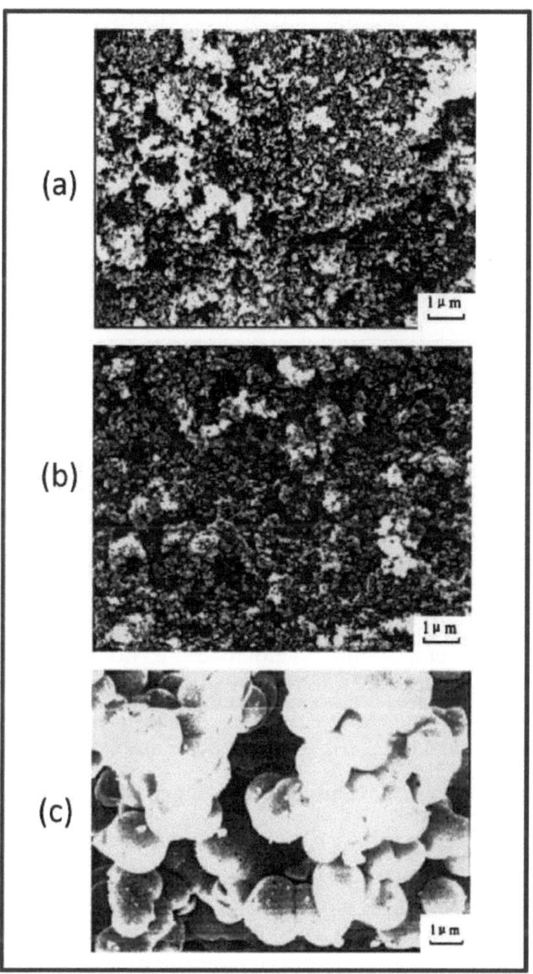

Figura 7. SEM de aerogéis de carbono preparados com RF 30wt% em diferentes rácios R/C. (a) R/C=500, (b) R/C=1000 e (c) R/C=1500 (De [109])

Muitos dos aerogéis de carbono RF com baixas densidades obtidos por secagem ambiente têm aplicações como eléctrodos em supercapacitores [17,28,110,112]. Foi obtida uma capacitância específica de 114 F/g para um aerogel de carbono preparado com R/C=1000 [112]. Da mesma forma, foram obtidos valores de capacitância específica de 110 F/g [110] e 183,6 F/g [28] para aerogéis de carbono preparados com um R/C=1500, que podem ser melhorados até 220 F/g activando o elétrodo no ar a 450

°C durante 1 h [17]. Para além da sua capacitância eléctrica de dupla camada original, estes últimos eléctrodos de aerogéis de carbono mostraram um pouco de efeito de pseudocapacitância relacionado com as reacções faradaicas dos grupos funcionais da superfície. Além disso, os supercapacitores tinham propriedades electroquímicas estáveis, excelente reversibilidade e um longo ciclo de vida [110].

4.4. Secagem subcrítica: secagem por ar convectivo e secagem por vácuo

Uma técnica de secagem aplicada mais recentemente que reduz significativamente o tempo de secagem é a secagem convectiva ao ar [113-115]. Além disso, esse processo evita as etapas mais caras das técnicas de secagem comumente encontradas na literatura, como trocas de solventes ou secagem em condições supercríticas, e pode ser operado continuamente sob pressão atmosférica, em temperatura moderada. Leonard et al [113] foram os primeiros autores a aplicar esta técnica para a preparação de xerogéis de RF, com temperatura, velocidade e humidade do ar controladas. Sintetizaram hidrogéis em três valores diferentes de pH (6, 6,5 e 7), mantendo as condições de secagem constantes: 70 °C, humidade ambiente e velocidade superficial de 2 m/s. A cinética de secagem, obtida pela plotagem do fluxo de secagem (Kg/m^2 s) *versus* o conteúdo de água, W (kg/kg), mostrou inicialmente uma fase constante muito curta, para a qual o encolhimento foi quase ideal, ou seja, a redução de volume correspondeu ao volume de água removida. Durante esta fase, a superfície externa do hidrogel permaneceu completamente húmida e prevaleceram as limitações de transferência externa. Quando o encolhimento parou, as limitações difusionais internas tornaram-se predominantes e desenvolveu-se progressivamente uma zona seca, do exterior para o interior da amostra, diminuindo o fluxo de secagem. Os xerogéis orgânicos obtidos por secagem convectiva do ar apresentaram a mesma estrutura que Pekala [116] descreveu para os aerogéis de RF supercríticos, ou seja, uma rede composta por partículas interligadas com tamanhos entre 10 e 30 nm. Os xerogéis de carbono correspondentes desenvolveram SBET relativamente altas, variando de 430 a 630 m^2/g e volumes totais de poros compreendidos entre 0,3 e 2,4 cm^3/g, que foram muito semelhantes aos obtidos para géis de carbono provenientes de géis de RF secos por vácuo [18]. Além disso, a duração da secagem foi de apenas 45 h, significativamente mais curta do que para outras técnicas de secagem.

Para otimizar as condições de síntese dos xerogéis orgânicos produzidos por secagem convectiva ao ar, o mesmo grupo de investigação modificou a temperatura de gelificação (50, 70 e 90 °C) e o tempo de cura (0, 24, 48 ou 72 h após a gelificação) dos hidrogéis RF preparados com diferentes rácios R/C (500, 1000 e 2000) [114] nas mesmas condições de secagem convectiva ao ar que as utilizadas anteriormente [113]. As taxas de secagem foram influenciadas pelo tamanho dos poros, que por sua vez foi inversamente influenciado pela temperatura de síntese, porque a difusão da água é limitada quando os poros são estreitos e a secagem abranda. No entanto, as curvas de secagem eram independentes do tempo de cura quando a polimerização atingia o equilíbrio (após 24 h) porque, a partir deste ponto, o tempo de cura quase não tinha influência no tamanho e no volume dos poros. O tempo necessário para eliminar 90% do solvente nunca excede 2,5 h para a gama R/C escolhida neste estudo quando o período de cura foi de pelo menos 24 h. A remoção dos restantes 10% demorou muito tempo: até seis horas adicionais para amostras com R/C baixo. No entanto, este procedimento foi muito mais rápido do que outros métodos de secagem previamente descritos na literatura.

A influência das condições de secagem, temperatura e velocidade do ar, sobre a retração, o craqueamento e as propriedades texturais de xerogéis de RF preparados em diferentes razões R/C (300, 500 e 1000), foi estudada por Job et al [115]. A retração sofrida pelos géis de RF foi isotrópica e totalmente independente da temperatura e velocidade do ar, e foi determinada pela textura original dos géis húmidos, fixada pelas variáveis de síntese, aumentando ao diminuir a razão R/C. Os autores demonstraram que era possível obter géis monolíticos sem quebra durante a secagem, selecionando adequadamente a razão R/C e as condições de secagem. A velocidade do ar praticamente não afetou a quebra da amostra, independentemente da relação R/C, enquanto a temperatura teve grande influência, como mostra a Figura 8. Assim, quando o rácio R/C é baixo (300), a temperatura teve de ser reduzida para 30 °C para evitar a fissuração e a quebra da amostra.

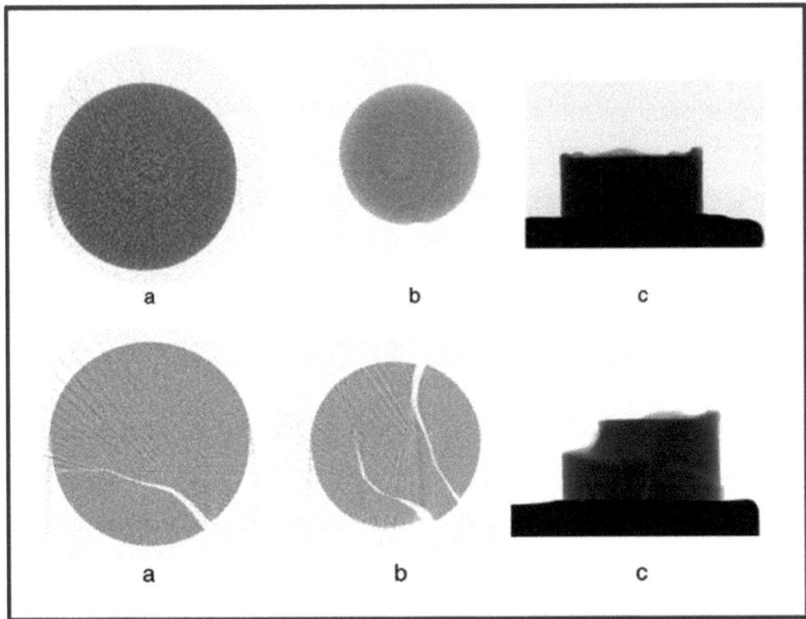

Figura 8. Secções transversais de monólitos RF preparados com R/C=300 e solução/(R+F)=5,7 (a) antes da secagem e (b) após secagem por ar convectivo com uma velocidade de ar de 2 m/s a diferentes temperaturas. (c) Radiografia do monólito após secagem. Em cima: temperatura de secagem: 30 °C; Em baixo: temperatura de secagem: 70 °C. (Adaptado de [115])

A secagem a vácuo pode ser outra técnica alternativa à secagem supercrítica porque, quando combinada com a troca prévia de solvente, conduz a géis orgânicos com um elevado volume de mesoporos e um baixo encolhimento. Embora a maioria dos artigos na literatura refira a troca de solvente previamente à secagem a vácuo, existem outros em que este passo não é efectuado, contribuindo assim para o encurtamento do tempo de síntese global [11,18,51,69,95,117].

A influência do solvente utilizado para a troca de água nas propriedades texturais dos xerogéis de carbono foi estudada em [118]. Os autores concluíram que o *tert-butanol* era o solvente mais adequado devido à sua baixa tensão superficial, baixa pressão de vapor e baixa polaridade. Foram obtidos carvões micro-mesoporosos com volumes de mesoporos de 0,55-0,89 cm^3/g e áreas de superfície BET na gama de 690790 m^2/g e foi observada a menor contração (20%) durante a secagem, em comparação com outros solventes.

A secagem a vácuo sem pré-tratamento nem sempre destrói a textura porosa do gel. De facto, se as variáveis operacionais forem corretamente escolhidas (principalmente o pH), podem ser obtidos materiais muito porosos por secagem por evaporação e pirólise de géis de RF aquosos. É possível produzir materiais de carbono RF micro e mesoporosos se o pH for ajustado na faixa de 5,5-6,25, com áreas de superfície específicas entre 550 e 650 m^2/g e volume total de poros variando de 0,40 a 1,40 cm^3/g [18], que podem ser usados como suportes para catálise. Além disso, a estrutura monolítica, a boa resistência mecânica, a elevada área superficial e a condutividade eléctrica destes carvões tornam-nos atractivos como eléctrodos para várias aplicações electroquímicas. No entanto, o tempo necessário para a secagem das amostras era demasiado longo: mais de cinco dias para reduzir progressivamente a pressão de 10^5 para 10^3 Pa e 3 dias para secar as amostras a 150 °C (10^3 Pa). Este tempo de secagem no vácuo foi reduzido em certa medida para 5 dias [11], cerca de 60 h [51] e significativamente para 36 h [117] e 8 h [95], sendo este último o tempo mais curto registado para géis RF secos no vácuo.

A secagem dos géis húmidos em condições ambientais dá origem a aerogéis com baixa densidade, baixa resistência e partículas de forma quase esférica. A dimensão dos poros e a densidade final dos materiais secos sob vácuo estão diretamente relacionadas com a dimensão dos nódulos de polímero, que por sua vez depende das condições de síntese (principalmente R/C ou pH). Todos os tamanhos de poros podem ser obtidos utilizando a secagem por evaporação, mas o volume e o tamanho dos poros estão fortemente correlacionados de tal forma que é muito difícil produzir xerogéis de carbono com poros pequenos e volumes de poros elevados [11].

5. SUMÁRIO

Os géis de carbono obtidos por polimerização por radiofrequência têm recebido uma atenção considerável na literatura nos últimos quinze anos. São materiais muito atractivos porque podem ser adaptados a uma grande variedade de estruturas porosas, de modo a serem utilizados em aplicações específicas; no entanto, a sua aplicabilidade à escala industrial é limitada pelo seu elevado custo e pela longa duração do processo de síntese. Foram desenvolvidas várias estratégias para serem aplicadas nas diferentes fases do processo global, síntese, gelificação-cura e secagem, a fim de baixar o custo e reduzir o tempo de processamento dos géis de carbono. Na fase de síntese, vários fenóis têm sido experimentados como monómeros mais baratos que substituem o resorcinol na polimerização com formaldeído. Quando o fenol ou o cresol são utilizados como monómeros, a sua menor reatividade em comparação com o resorcinol implica a adição de maiores quantidades de catalisadores para realizar a polimerização. Além disso, é geralmente utilizado um catalisador com maior força básica do que o Na_2CO_3, geralmente NaOH. Em comparação com o sistema RF clássico, a gama de condições de síntese em que se podem formar géis húmidos macroscopicamente homogéneos é fortemente limitada no sistema PF. É necessário um teor moderado de catalisador e concentração de reagente para sintetizar aerogéis de CmF com S_{BET} elevado e grandes volumes de poros. Finalmente, a utilização de taninos como substituto parcial ou total do resorcinol está a emergir como um campo promissor para a síntese de aerogéis de carbono muito mais baratos do que os derivados do sistema RF.

A fim de encurtar os tempos de gelificação, os ácidos inorgânicos podem ser utilizados como catalisadores da polimerização de géis RF, que se processa por mecanismos diferentes em condições básicas ou ácidas. A combinação de ambos os tipos de catalisadores num método baseado em duas etapas, uma primeira de polimerização sob catalisador básico e uma segunda de condensação reforçada sob condições ácidas, também foi comunicada. O ultrassom foi considerado uma técnica emergente e muito promissora para ser usada durante a síntese de géis de carbono RF, porque não só encurta significativamente o tempo de gelificação (de 48 h para 8 h em alguns casos), mas também melhora a mesoporosidade dos aerogéis orgânicos e aerogéis de carbono obtidos. Além disso, estruturas macroporosas interconectadas 3D com encolhimento de apenas 1% durante a secagem, que são preservados após a pirólise, pode ser sintetizado sob irradiação ultra-sônica.

Entre as técnicas alternativas à secagem supercrítica, a secagem por micro-ondas oferece uma série de vantagens em relação a outros métodos, como um tempo de secagem mais curto e melhores propriedades mecânicas nos géis de carbono resultantes. Além disso, o processo de secagem num forno de micro-ondas multimodo pode produzir uma microporosidade homogénea num período de tempo muito curto. A utilização deste método de secagem é limitada porque os géis secos por micro-ondas têm fracas propriedades porosas em comparação, por exemplo, com os géis secos por congelação. No entanto, a estrutura mesoporosa pode ser mantida durante a secagem por micro-ondas com a ajuda da irradiação ultra-sónica durante a fase de gelificação.

As micro-ondas permitem não só reduzir o custo do processo de secagem em comparação com a secagem supercrítica, mas também encurtar o tempo do processo global, quando aplicado durante as fases de síntese e cura. A síntese assistida por micro-ondas é um método simples e rápido para gerar principalmente xerogéis de carbono mesoporoso que apresentam propriedades semelhantes às dos sintetizados convencionalmente. Além disso, o aquecimento por micro-ondas permite sintetizar materiais mesoporosos com um tamanho de mesoporos adaptado a uma gama mais ampla de pH do que os métodos convencionais, bem como num tempo muito mais curto.

Estes resultados interessantes devem levar a uma maior utilização de micro-ondas no processamento de géis de carbono RF.

A secagem à pressão ambiente sem troca prévia de solvente pode ser outra técnica alternativa mais económica e rápida à secagem supercrítica. É possível obter aerogéis de carbono com baixas retracções durante a secagem e a pirólise selecionando concentrações de catalisador muito baixas (R/C=1000-1500). Uma técnica de secagem aplicada mais recentemente que encurta significativamente o tempo de secagem é a secagem convectiva ao ar, que permite obter géis de carbono com S_{BET} relativamente elevada, variando entre 430 e 630 m^2/g, e volumes totais de poros compreendidos entre 0,3 e 2,4 cm^3/g a partir de géis orgânicos secos em apenas 4-5 h. Presumivelmente, esta técnica recente será aplicada a curto prazo em investigações futuras.

Finalmente, a combinação de duas ou várias das estratégias revistas neste documento pode ser utilizada para melhorar o custo dos carvões RF. Alguns exemplos são a síntese de um xerogel orgânico a partir de uma mistura de cresol e seco à pressão ambiente, a preparação de xerogéis orgânicos sob irradiação ultra-sónica seguida de secagem por micro-ondas ou a utilização da técnica de micro-ondas em todas as fases do processo: gelificação, cura e secagem.

Referências

[1] Pekala RW. Patente dos EUA 4 873 218, 1989.

[2] Pekala RW (1989) Organic aerogels from the polycondensation of resorcinol with formaldehyde, J Mater Sci 24:3221-3227.

[3] Pekala RW, Alviso CT, Lemay JD (1992) Aerogéis orgânicos: um novo tipo de polímero ultra-estruturado. In: Hench LL e West JK (ed) Chemical processing of advanced materials. John Wiley and Sons, Nova Iorque, pp. 671-683.

[4] Lin C e Ritter JA (1997) Effect of synthesis pH on the structure of carbon xerogels, Carbon 35:1271-1278.

[5] Pekala RW, Farmer JC, Alviso CT, Tran TD, Mayer ST, Miller JM e Dunn B, Carbon aerogels for electrochemical applications (1998) J Non-Cryst Solids 225: 74-80.

[6] Al-Muhtaseb SA, Ritter JA (2003) Preparation and properties of resorcinol-formaldehyde organic and carbon gels, Adv Mater 15:101-114.

[7] Elkhatat, AM e Al-Muhtaseb SA (2011) Advances in Tailoring Resorcinol-Formaldehyde Organic and Carbon Gels, Adv Mater 23:2887-2903.

[8] Horikawa T, Ono Y, Jun'ichi H e Katsuhiko M (2004) Influência dos agentes tensioactivos nas caraterísticas dos poros dos aerogéis esféricos de carbono à base de resorcinol-formaldeído, Carbon 42:2683-2689.

[9] Awadallah-F A, Ahmed M. Elkhatat AM e Al-Muhtaseb SA (2011) Impacto das condições de síntese nas estruturas de meso e macroporos de xerogéis de resorcinol-formaldeído, J Mater Sci 46:7760-7769.

[10] Fairen-Jimenez D, Carrasco-Mann F e Moreno-Castilla C (2006) Porosidade e área de superfície de aerogéis de carbono monolíticos preparados utilizando carbonatos alcalinos e ácidos orgânicos como catalisadores de polimerização, Carbon 44:2301-2307.

[11] Job N, Thery A, Pirard R, Marien J, Kocon L e Rouzaud JN (2005), Carbon aerogels, cryogels and xerogels: influence of the drying method on the textural properties of porous carbon materials, Carbon 43:2481-2494.

[12] Job N, Panariello F, Crine M, Pirard JP e Leonard A (2007) Determinação reológica da transição sol-gel durante a síntese aquosa de resinas de resorcinol-formaldeído, Colloids Surf A 293:224-228.

[13] Fischer U, Saliger R, Bock V, Petricevic R e Fricke J (1997) Carbon aerogels as electrode material in supercapacitors, J Porous Mater 4:281-285.

[14] Horikawa T, Hayashi J e Muroyama K (2004) Controllability of pore characteristics of resorcinol-formaldehyde carbon aerogel, Carbon 42:1625-33.

[15] Mirzaeian M e Hall PJ (2009) The control of porosity at nano scale in resorcinol formaldehyde carbon aerogels, J Mater Sci 44:2705-2713.

[16] Sharma CS, Kulkarni MM, Sharma A e Madou M (2009) Synthesis of carbon xerogel particles and fractal-like structures, Chem Eng Sci 64:1536-1543.

[17] Hwang SW e Hyun SH (2004) Capacitance control of carbon aerogel electrodes, J Non-Cryst Solids 347:238-245.

[18] Job N, Pirard R, Marien J e Pirard J (2004) Porous carbon xerogels with texture tailored by pH control during sol-gel process, Carbon 42:619-628.

[19] Fang B e Binder L (2006) A modified activated carbon aerogel for high-energy storage in electric double layer capacitors, J Power Sources 163:616-622.

[20] Brandt R, Petricevic R, Proebstle H e Fricke J (2003) Acetic acid catalyzed carbon aerogels, J Porous Mater 10:171-178.

[21] Wang J, Glora M, Petricevic R, Salinger R, Probtle H e Fricke J (2001) Carbon cloth reinforced carbon aerogel films derived from resorcinol formaldehyde, J Porous Mater 8:159-165.

[22] Liang C, Sha G e Guo S (2000) Aerogéis de resorcinol-formaldeído preparados por secagem supercrítica com acetona, J Non-Cryst Solids 271:167-170.

[23] Moreno-Castilla C e Maldonado-Hodar FJ (2005) Carbon aerogels for catalysis applications: an overwiew, Carbon 43:455-465.

[24] Rojas-Cervantes ML, Alonso L, D^az-Teran J, Lopez-Peinado AJ, Martin-Aranda RM e Gomez-Serrano V (2004) Catalisadores metal-carbono básicos preparados pelo método sol-gel, Carbon 42:1575-1582.

[25] Aguado-Serrano J, Rojas-Cervantes ML, Martin-Aranda RM, Lopez-Peinado AJ e Gomez-Serrano V (2006) Surface and catalytic properties of acid-metal carbons prepared by the sol-gel method, Appl Surf Sci 252:6075-6079.

[26] Maldonado-Hodar FJ (2013) Avanços no desenvolvimento de catalisadores nanoestruturados baseados em géis de carbono, Catal Today 218-219:43-50.

[27] Frackowiak E e Begui F (2001) Carbon materials for the electrochemical storage of energy in capacitors, Carbon 39:937-950.

[28] Li J, Wang X, Wang Y, Huang Q, Dai C e Gamboa S (2008) Structure and electrochemical properties of carbon aerogels synthesized at ambient temperatures as supercapacitors, J Non-Cryst Solids 354:19-24.

[29] Chang, L; Fu Z; Liu M; Yuan L; Wei J; He YW; Liu, X e Wang Ch (2014) Desempenhos electroquímicos óptimos de aerogéis de carbono ativado com CO_2 para supercapacitores, J Mater Sci. 29:213-218.

[30] Kang YK, Lee BI e Lee JS (2009) Hydrogen adsorption on nitrogen-doped carbon xerogels, Carbon 47:1171-1180.

[31] Wu X, Wu D, Fu R e Zeng W (2012) Preparação de aerogéis de carbono com diferentes estruturas de poros e as suas propriedades de adsorção em leito fixo para a remoção de corantes, Dyes Pigments 95:689-

694.

[32] Zubizarreta L, Arenillas A e Pis JJ (2009) Carbon materials for H2 storage, Int J Hydrogen Energy 34:4575-4581.

[33] Tian HY, Buckley CE, Paskevicius M e Sheppard DA (2012) Armazenamento de hidrogénio em aerogéis de carbono. Em: Rossi M (ed) Carbon Nanomaterials for Gas Adsorption. Pan Stanford Publishing, pp 131-160.

[34] Ruben GC e Pekala RW (1995) High-resolution transmission electron microscopy of the nanostructure of melamine-fomaldehhyde aerogels, J Non-Cryst Solids 186:219-231.

[35] Nguyen MH e Dao LH (1998) Effects of processing variable on melamine-fomaldehyde aerogel formation, J Non-Cryst Solids 225:51-57.

[36] Pekala RW, Alviso CT, Lu X, Gross J e Fricke J (1995) New organic aerogels based upon a phenolic-furfural reaction, J Non-Cryst Solids 188:34-40.

[37] Mukai SR, Tamitsuji C, Nishihara H e Tamon H (2005) Preparação de géis de carbono mesoporoso a partir de uma combinação pouco dispendiosa de fenol e formaldeído, Carbon 43:2628-2630.

[38] Scherdel C, Gayer R, Slawik T, Reichenauer G e Scherb T (2011) Xerogéis orgânicos e de carbono derivados da polimerização controlada por carbonato de sódio de soluções aquosas de fenol-formaldeído, J Porous Mater 18:443-50.

[39] Wu D, Fu R, Sun Z e Yu Z (2005) Aerogéis orgânicos e de carbono de baixa densidade a partir da polimerização sol-gel de fenol com formaldeído, J Non Cryst Solids 351:915-921.

[40] Scherdel C e Reichenauer G (2009) Carbon xerogels synthesized via phenol-formaldehyde gels, Microporous Mesoporous Mater 126:133-142.

[41] Jirglova, H, Perez-Cadenas AF e Maldonado-Hodar FJ (2009) Synthesis and properties of phloroglucinol-phenol-formaldehyde carbon aerogels and xerogels, Langmuir 25:2461-2466.

[42] Gardziella A, Pilato LA, Knop A (2000), Phenolic resins, Springer, Berlin.

[43] Li W, Lu A e Guo S (2001). Caracterização das microestruturas de aerogéis orgânicos e de carbono baseados em cresol-formaldeído misto. Carbono 39:1989-1994.

[44] Li W, Lu A e Guo S (2002) Control of mesoporous structure of aerogels derived from cresolformaldehyde, J Colloid Interf Sci 254:153-157.

[45] Li W e Guo S (2000) Preparation of low-density carbon aerogels from a cresol/formaldehyde mixture, Carbon 38:1520-1523.

[46] Zhu Y, Hu H, Li W e Zhao H (2006) Preparação de aerogéis de carbono cresol-formaldeído através da secagem de aquagel à pressão ambiente, J Non-Cryst Solids 352:3358-3362.

[47] Li W, Reichenauer G e Fricke J (2002) Carbon aerogels derived from cresol-resorcinol- formaldehyde

for supercapacitors, Carbon 40:2955-2959.

[48] Li W, Probstle H e Fricke J (2003) Electrochemical behavior of mixed CmRF based carbon aerogels as electrode materials for supercapacitors, J Non-Cryst Solids 325:1-5.

[49] Zhu Y, Hu H, Li WC e Zhang X (2006) Aerogel de carbono à base de cresol-fomaldeído como material de elétrodo para condensadores electroquímicos, J Power Sources 162:738-742.

[50] Tamon H, Ishizaka H, Arakj T e Okazaki M (1998) Control of mesoporous structure or organic and carbon aerogels, Carbon 36:1257-1262.

[51] Contreras MS, Paez CA, Zubizarreta L, Leonnard A, Blacher S, Olivera-Fuentes CG et al (2010) A comparison of physical activation of carbon xerogels with carbon dioxide with chemical activation using hydroxides, Carbon 48:3157-3168.

[52] Fuertes AB, Pico F, Rojo JM (2004) Influence of pore structure on electric double-layer capacitance of template mesoporous carbons, J Power Sources 133:329-336.

[53] Chandra S, Bag S, Bhar R e Pramanik P (2011) Effect of transition and non-transition metals during the synthesis of carbon xerogels, Microporous Mesoporous Mater 138:149-156.

[54] Carrasco-Mann F, Fairen-Jimenez D e Moreno-Castilla C (2009) Aerogéis de carbono de misturas de ácido gálico e resorcinol como adsorventes de benzeno, tolueno e xilenos de ar seco e húmido em condições dinâmicas, Carbon 47:463-469.

[55] Zhang R, Li W, Li K, Lu CH, Zhan L e Ling L (2004) Efeito da concentração de reagentes na porosidade de hidrogéis orgânicos e aerogéis de carbono, Microporous Mesoporous Mater 72:167-173.

[56] Perez-Caballero F, Peikolainen AL, Uibu M, Kuusik R, Volobujeva O e Koel M (2008). Preparação de aerogéis de carbono a partir de géis de 5-metilresorcinol-folmadeído, Microporous Mesoporous Mater 108:230-236.

[57] Peikolainen AL, Volobujeva O, Aav R, Uibu M e Koel M (2012) Síntese catalisada por ácido orgânico de aerogéis orgânicos à base de 5-metilresorcinol em acetonitrilo, J Porous Mater 19:189-194.

[58] Baumann TF, Fox GA, Satcher JH (2002), Síntese e caraterização de aerogéis dopados com cobre Langmuir 18:7073-7076.

[59] Cotet LC, Baia M, Pepescu IC, Cosoveanu V, Indrea E, Popp J e Danciu V (2007) Propriedades estruturais de alguns aerogéis de carbono altamente dopados com metais de transição, J Alloy Compd 434-435:854-857.

[60] Szczurek, A, Amaral-Labat, G, Fierro V, Pizzi, A, Masson E. e Celzard A (2011) A utilização de tanino para preparar géis de carbono. Parte I. Aerogéis de carbono. Carbono 49:2773-2784.

[61] Szczurek A, Amaral-Labat G, Fierro V, Pizzi A e Celzard, A (2011) A utilização de tanino para preparar géis de carbono. Parte II. Criogéis de carbono, Carbono 49:2785-2794.

[62] Celzard A, Fierro V, Amaral-Labat G, Szczurek A, Braghiroli F, Parmentier J, Pizzi A, Grishechko LI e Kuznetsov BN (2012) Carbon gels derived from natural resources, Boletin del Grupo Espanol del Carbon 26:2-7.

[63] Celzard A, Fierro V e Pizzi A (2013) Novos materiais porosos derivados da madeira. Techniques de l'Ingenieur, Materiaux Fonctionnels 11(N 18)

[64] Amaral-Labat, G, Szczurek A, Fierro V, Pizzi A, Celzard A (2013) Systematic sttudies of tannin-fomaldehyde aerogels preparation and properties, Sci Technol Adv Mater 14(1):015001/1-13.

[65] Grishechko, LI, Amaral-Labat G, Szczurek A, Fierro V, Kuznetsov BN, Pizzi A e Celzard A (2013) New tannin-lignin aerogels, Ind Crop and Prod 41:347-355.

[66] Szczurek A, Amaral-Labat G, Fierro V, Pizzi A e Celzard A (2013) Novas famílias de géis de carbono baseadas em recursos naturais, J Phys: Conference Series 416: 012022/1-6.

[67] White RJ, Brun N, Budarin VL, Clark JH e Titirici MM (2014) Always look on the "light" side of life: sustainable carbon aerogels, ChemSusChem 7:670-689.

[68] Kim SY, Yeo DH, Lim JW, Yoo K, Lee K e Kim H (2001). Síntese e caraterização de aerogel orgânico de resorcinol-formaldeído, J Chem Eng Jpn 34:216-220.

[69] Reup M e Ratke L (2008) Subcritically dried RF-aerogels catalysed by hydrochloric acid, J Sol Gel Sci Technol 47:74-80.

[70] Barbieri O, Ehrburger-Dolle F, Rieker TP, Pajonk GM, Pinto N e Rao AV (2001) Small-angle X-ray scatttering of a new series of organic aerogels, J Non-Cryst Solids 285:109-115.

[71] Brandt R e Fricke J (2004) Aerogéis de carbono catalisados por ácido acético e secos subcriticamente com uma estrutura nanométrica e uma vasta gama de densidades, J Non-Cryst Solids 350:131-135.

[72] Merzbacher C, Meier SR, Pierce JR e Korwin ML (2001) Carbon aerogels as broadband non-reflective materials, J Non-Cryst Solids 285:210-215.

[73] Feng YN, Miaob L, Tanemura M, Tanemura S e Suzuki K (2008) Effects of further adding of catalysts on nanostructures of carbon aerogels, Mater Sci Eng B-Adv 148:273-276.

[74] Xu J, Wang A e Zhang T (2012) Uma síntese em duas etapas de polímero de resorcinolformaldeído e carbono mesoporoso ordenado, Carbono 50:1807-1816.

[75] Bruno MM, Cotella NG, Maria C, Miras MC e Barbero CA (2010) Uma nova forma de manter a porosidade do resorcinol-formaldeído durante a secagem: Estabilização da nanoestrutura sol-gel utilizando um polielectrólito catiónico, Colloid Surface A 362:28-32.

[76] Wiener M, Reichenauer G, Scherb T e Fricke J (2004) Accelerating the synthesis of carbon aerogel precursors, J Non-Cryst Solids 350:126-130.

[77] Berthon S, Barbieri O, Ehrburger-Dolle F, Geissler E, Achard P, Bley F et al (2001) DALS and SAXS

investigations of organic gels and aerogels, J Non-Crist Solids 285:154-161.

[78] Probstle H, Schmitt C e Fricke J (2002) Button cell supercapacitors with monolithic carbon aerogels, J Power Sources 105:189-194

[79] Tonanon N, Siyasukh A, Tanthapanichakoon W, Nishihara H, Mukai SR e Tamon H (2005) Melhoria da mesoporosidade dos criogéis de carbono por irradiação ultra-sónica, Carbono 43:525-531.

[80] Tonanon N, Siyasukh A, Wareenin Y, Charinpanitkul T, Tanthapanichakoon W e Nishihara H (2005) Monólitos de carbono macroporoso interligados em 3D preparados por irradiação ultra-sónica, Carbon 43:2808-2811.

[81] Tonanon N, Wareenin Y, Siyasukh A, Tanthapanichakoon W, Nishihara H e Mukai SR (2006) Preparação de géis de carbono de resorcinol formaldeído (RF): utilização de irradiação ultra-sónica seguida de secagem por micro-ondas, J Non-Cryst Solids 352:5683-5686.

[82] Siyasukh A, Maneeprom P, Larpkiattaworn S, Tonanon N, Tanthapanichakoon W, Tamon H et al (2008) Preparação de um monólito de carbono com estrutura porosa hierárquica por irradiação ultra-sónica seguida de carbonização, ativação física e química, Carbono 46:1309-1315.

[83] Suslikck KS e Price GJ (1999) Applications of ultrasound to materials chemistry, Annu Rev Mater Sci 29:295-326.

[84] Suslikck KS, Didenko Y, Fang MM, Hyeon T, Kolbeck KJ e Mcnamarall WB (1999) Acoustic cavitation and its chemical consequences, Philos Trans R Soc Lond A 357:335-353.

[85] Blanco E, Esquivias L, Litran R, Pinero M, Ram^ez del Solar M e Rosa-Fox N (1999) Sonogels e materiais derivados, Appl Organometal Chem 13:399-418.

[86] Mayer ST, Kaschmitter JL e Pekala RW, Patente dos EUA, 5 420 168, WO 9, 422, 943 1993.

[87] Zanto EJ, Al-Muhtsaseb SA e Ritter SA (2002) Sol gel derived carbon aerogels and xerogels: design of experiments approach to materials synthesis, Ind Eng Chem Res 41:3151-3162.

[88] Quin G e Guo S, Drying of RF gels with supercritical acetone (1999) Carbon 37:1168-1169.

[89] Tamon H, Ishizaka H, Yamamoto T e Suzuki T (2000) Influence of freeze-drying conditions on the mesoporosity of organic gels and carbon precursors, Carbon 38:1099-1105.

[90] Yamamoto Y, Sugimoto T, Suzuki T, Mukai SR e Tamon H (2002) Preparação e caraterização de microesferas de géis de carbono, Carbon 40:1345-1351.

[91] Nishihara H, Mukai SR e Tamon H (2004) Preparação de micro-homens de carbono de resorcinol-formaldeído Carbon 42:899-901

[92] Ayme-Perrot D, Walter S, Gabelica Z e Valange S (2008) Evaluation of carbon cryogels used as cathodes for no-flowing zinc-bromines storage cells, J Power Sources 175:644-650.

[93] Bogdal D, Penczek P, Pielichowski J e Prociak A (2003) Microwave assisted synthesis, crosslinking,

and processing of polymeric materials, Adv Polym Sci 163:193-263.

[94] Yamamoto T, Nishimura T, Suzuki T e Tamon H (2001) Effect of drying method on mesoporosity of resorcinol-formaldehyde drygel and carbon gel, Drying Technol 19:1319-1333.

[95] Zubizarreta L, Arenillas A, Dominguez A, Menendez JA e Pis JJ (2008) Desenvolvimento de xerogéis microporosos de carbono através do controlo das condições de síntese, J Non-Cryst Solids 354:817-825.

[96] Zubizarreta L, Arenillas A, Menendez JA, Pis JJ, Pirard J e Job N (2008) Microwave drying as an effective method to obtain porous carbon xerogels, J Non-Cryst Solids 354:4024-4026.

[97] Gallegos-Suarez E, Perez-Cadenas AF, Maldonado-Hodar FJ e Carrasco-Mann F (2012) Sobre a micro e mesoporosidade de aerogéis e xerogéis de carbono. O papel das condições de secagem durante os processos de síntese, Chem Eng J 181-182:851-855.

[98] Kang KY, Hong SJ, Lee BI e Lee JS (2008) Enhanced electrochemical capacitance of nitrogen-doped carbon gels synthesized by microwave-assisted polymerization of resorcinol and formaldehyde, Electrochem Commun 10:1105-1108.

[99] Calvo EG, Ania CO, Zubizarreta L, Menendez JA e Arenillas. (2010) Exploração de novas rotas na síntese de xerogéis de carbono para a sua aplicação em condensadores eléctricos de dupla camada, Energy Fuels 24:3334-3339.

[100] Calvo EG, Juarez-Perez EJ, Menendez JA e Arenillas A (2011) Síntese rápida assistida por micro-ondas de xerogéis de carbono mesoporoso adaptados, J Colloid Interf Sci 357:541-547.

[101] Juarez-Perez EJ, Calvo EG, Arenillas A e Menendez JA (2010) Determinação precisa do ponto de síntese de gel de carbono de transição sol-gel utilizando um método de aquecimento por micro-ondas, Carbon 48:33053308.

[102] Moreno AH, Arenillas A, Calvo EG, Bermudez JM e Menendez JA (2013) Carbonização de xerogéis orgânicos de resorcinol-formaldeído: Efeito da temperatura, tamanho das partículas e taxa de aquecimento na porosidade dos xerogéis de carbono, J Anal Appl Pyrol 100:111-116.

[103] Calvo EG, Ferrera-Lorenzo N, Menendez JA e Arenillas A (2013) Microwave synthesis of micro-mesoporous activated carbon xerogels for high performance supercapacitors, Microporous Mesoporous Mater 168:206-212.

[104] Menendez JA, Juarez-Perez EJ, Ruiz-Sanchez E, Calvo EG e Arenillas A (2012) Um método baseado em micro-ondas para a síntese de esferas de xerogel de carbono, Carbon 50:3555-3360.

[105] Foo KY e Hameed BH (2011) Preparação e caraterização de carvão ativado a partir de cascas de pistácio através de ativação química induzida por micro-ondas, Biomass Bioenerg 35:3257-3261.

[106] Foo KY e Hameed BH (2012) Preparação, caraterização e avaliação das propriedades de adsorção do carvão ativado à base de casca de laranja através da ativação de K2CO3 induzida por micro-ondas, Bioresource Technol 104:679-686.

[107] Kubota M e Hata A (2009) Preparação de carvão ativado a partir de resina fenólica por ativação química com KOH sob aquecimento por micro-ondas, Carbon 47:2805-2811.

[108] Petricevic R, Reichenauer G, Bock V, Emmerling A e Fricke J (1998) Structure of carbon aerogels near the gelation limit of the resorcinol-formaldehyde precursor, J Non-Cryst Solids 225:4145.

[109] Shen J, Hou J, Guo Y, Xue H, Wu G e Zhou B (2005) Controlo da microestrutura de aerogéis de RF e carbono preparados pelo processo sol-gel, J Sol-Gel Sci Techn 36:131-136.

[110] Li J, Wang X, Wang Y, Huang Q, Gamboa S e Sebastian PJ (2006) Studies on preparation and performances of carbon aerogel electrodes for the application of supercapacitors, J Power Sources 158:784-788.

[111] Wu D, Fu R, Zhang S, Dresselhaus MS e Dresselhaus G (2004) Preparation of low-density carbon aerogels by ambient pressure drying, Carbon 42:2033-2039.

[112] Hebalkar N, Arabale G, Sainkar SR, Pradhan SD, Mulla IS, Vijayamohanan K., Ayyub P e Kulkarni SK (2005) Estudo da correlação das propriedades estruturais e de superfície com o comportamento eletroquímico em aerogéis de carbono, J Mater Sci 40:3777-3782.

[113] Leonard A, Job N, Blacher S, Pirard J, Crine M e Jomaa W (2005) Adequação da secagem convectiva ao ar para a produção de xerogéis porosos de resorcinol-formaldeído e carbono, Carbon 43:1808-1811.

[114] Job N, Panariello F, Marien J, Crine M, Pirard J e Leonard A (2006) Synthesis optimization of organic xerogels produced from convective air-drying of resorcinol-formaldehyde gels, J Non Cryst Solids 352:24-34.

[115] Job N, Sabatier F, Pirard J, Crine M e Leonard A (2006) Towards the production of carbon xerogel monoliths by optimizing convective drying conditions, Carbon 44:2534-2542.

[116] Pekala RW (1993) Estrutura dos aerogéis orgânicos. 1. Morfologia e escalonamento, Macromolecules 26:5487-5493.

[117] Zubizarreta L, Arenillas A, Pis JJ, Pirard JP e Job N (2009) Estudar a ativação química em xerogéis de carbono, J Mater Sci 44:6583-6590.

[118] Kraiwattanawong K, Tamon H e Praserthdam P (2011) Influência das espécies de solventes utilizadas na troca de solventes para a preparação de xerogéis de carbono mesoporoso a partir de resorcinol e formaldeído através de secagem subcrítica, Microporous Mesoporous Mater 138:8-16.

Printed by Books on Demand GmbH, Norderstedt / Germany